NCS(국가직무능력표준) 학습모듈
『모발관리』를 기반으로 하는

미용학개론

NCS(국가직무능력표준) 학습모듈
『모발관리』를 기반으로 하는

미용학개론

2016. 8. 10. 초 판 1쇄 인쇄
2016. 8. 18. 초 판 1쇄 발행

지은이 | 이복희 · 신화남 · 류은주
펴낸이 | 이종춘
펴낸곳 | BM 주식회사 **성안당**
주소 | 04032 서울시 마포구 양화로 127 첨단빌딩 5층(출판기획 R&D 센터)
10881 경기도 파주시 문발로 112(제작 및 물류)
전화 | 02) 3142-0036
031) 950-6300
팩스 | 031) 955-0510
등록 | 1973. 2. 1. 제406-2005-000046호
출판사 홈페이지 | **www.cyber.co.kr**
ISBN | 978-89-315-7978-9 (93500)
정가 | 20,000원

이 책을 만든 사람들
기획 | 최옥현
진행 | 박남균
교정 · 교열 | 나무
내지 디자인 | 나무
표지 디자인 | 박남균
일러스트 | 박남균
홍보 | 박연주
국제부 | 이선민, 조혜란, 고운채, 김해영, 김필호
마케팅 | 구본철, 차정욱, 나진호, 이동후, 강호묵
제작 | 김유석

※ 도서 A/S 안내

성안당에서 발행하는 모든 도서는 저자와 출판사 그리고 독자가 함께 만들어 나갑니다. 좋은 책을 펴내기 위해 많은 노력을 기울이고 있으나 혹시라도 내용상의 오류나 오탈자가 발견되면 연락주시기 바랍니다. 수정 보완하여 더 나은 책이 되도록 최선을 다하겠습니다. 성안당은 늘 독자 여러분의 소중한 의견을 기다리고 있습니다. 좋은 의견을 보내주시는 분께는 성안당 쇼핑몰의 포인트(3,000포인트)를 적립해 드립니다. 잘못 만들어진 책이나 부록이 파손된 경우에는 교환해 드립니다.

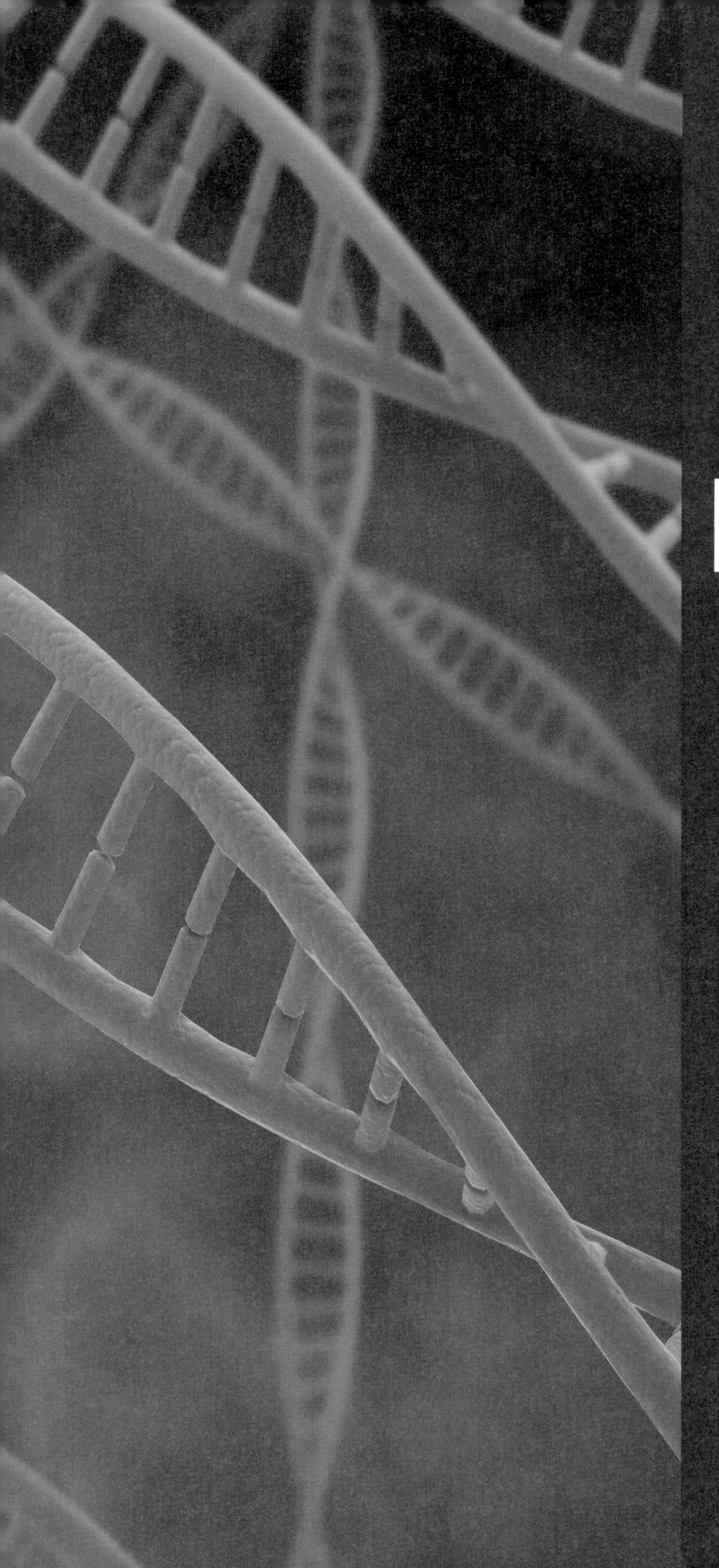

NCS(국가직무능력표준) 학습모듈
『모발관리』를 기반으로 하는

미용학개론

이복희 · 신화남 · 류은주 지음

www.cyber.co.kr

프롤로그

국가의 적극적인 학습권 개입 법안으로 탄생한 미국 정부의 '낙오 학생 방지법'(No Child Left Behind, NCLB)은 미국이 국제학력 경시대회에서 뒤처지고 있는 현실을 극복하고자 하는 교사의 책무성 정책에 대한 골자이다. 즉, 이해중심교육과정이 1990년대 초반부터 문제 제기에 따른 필요성과 함께 우리나라도 2015년 개정교육과정 개발, 실행의 배경이 되었다. 이러한 배경은 수업 계획과 실제 수업의 인식으로서 타일러의 행동목표모형과 브루너의 학문중심교육과정에 근본을 둔 학습자 중심, 평가 중심, 성과 중심의 백워드교육과정(Wiggins & McTighe)에 근거를 둔다. 우리나라 역시 NCS 능력단위를 중심으로 한 지침개발서(한국산업인력공단 주관)에 따라 교육부 주관의 학습모듈(한국직업능력개발원 대행)이 개발되었거나 개발되고 있다.

결과적으로는 교육철학과 심리에 규합되는 교과서, 학습방법, 평가를 함께 묶어서 확산적이고 발전적인 다양한 아이디어를 찾을 수 있게 개발하고자 하는 의도는 교육과정 설계기관과 개발자 부분에서 극명히 드러난다. 교육과정 설계기관은 학습자를 중심으로 바라는 결과를 확인하고 수용할 만한 증거를 결정하여 학습경과 수업을 교수자에 의해 계획하게 함을 백워드 교육과정의 개발 절차로 보았다. 이는 학습자가 수업을 받고 나서의 변화된 모습을 국가 수준에서 제시하고 설정하는 단계와 학습자들이 교육목표를 얼마나 이해하고 알고 있는지에 대한 수행내용과 학습자의 최종적인 모습을 위하여 무엇을 가르칠 것인가를 교수학습 방법을 통해 제시하고자 했다.

이러한 맥락에서 제시된 백워드설계모형임에도 불구하고 개발자와 주관부서, 주관부서와 또 다른 주관부서 간 이해 상충을 현재 개발된 헤어미용 학습모듈을 통해 살펴볼 수 있다. 새로운 패러다임은 진행과정에 있으나 혼란은 고스란히 학습자의 몫으로서 직면 된 과정에서 본서는 시대적 상황에 부딪힌다. 학습 내용에 관한 교과목명을 어떻게 할 것인가? 이 지구상의 모든 헤어스타일리스트는 모발을 작업의 매개체로 사용한다. 그럼에도 불구하고 모발이라는 물질이 무엇으로 구성되어 있으며 어떻게, 왜, 작용하여 변화되거나 변형을 가져다주는지에 대한 학습결과로서의 목표 제시가 되어있지 않다. 다시 말하면 개발 탑재된 헤어미용 학습모듈에는 학습 목표를 달성하기 위한 일관되고도 조직화 된 수업설계로서의 교육내용의 엄격성과 적절성에서 구체적이지 않다.

현재 출간되는 미용학개론의 역사적 근거에서도 이를 반영하듯 살펴볼 수 있다. 〈모발관리학〉(청구문화사, 1995년)을 근간으로 〈모발학〉(광문각, 2002년)을 헤어미용개론서로 출간하였다. 교과내용과 관련하여 특성화고등학교의 인정 교과로 개발, 출간시킨 〈헤어미용〉(서울 교육청, 2010년)은 필자에게 가르치고 학습하는 대상이 누구인지에 대한 물음으로서 신선한 충격을 주었다. 학습자 중심의 내적 구성요소를 갖춘 4년제 대학 교과 내용 학인 〈헤어미용교육론〉(훈민사, 2013년)이 출간됨으로써 진정한 집필 방향인 모발응용기술의 이론서가 고시되었다. 이에 편승 NCS 학습모듈 모발관리(능력단위 명)는 모발이론서를 근간으로 함이 미용학개론과 동의어로 적용할 수 있게 한다.

本書 〈미용학개론〉은 NCS 능력단위 2~3수준의 4장으로 구성된다.

제1장 모발발생학은 두개피 생리로서 두개피부 및 모아 발생에 따른 분화를 알고 피부 조직 및 부속기관의 근원을 설명한다.
제2장 모발생리학은 피부의 줄기세포가 존재하며 모발의 생화학 작용이 일어나는 제1영역과 제2영역 내의 모발 자체 물리 · 화학적 기반을 이해함으로써 모구부와 그 주변의 이야기를 설명한다.
제3장 모발형태학은 우리 눈에 보이는 영구모로서의 구성성분, 형상, 색 등을 통해 헤어디자인적 변신을 주관하는 내용으로 서술한다.
제4장 모발의 특성은 케미컬 · 웨트스타일에 직접적인 물질, 아미노산, 단백질, pH, 흡습성, 팽윤성, 건조성, 열변성, 광변성, 대전성과 탄력성, 강도, 신장 등에 따른 모발 진단에 의한 손상 또는 처치를 서술한다.

위와 같이 1~4장에서 요구되는 모발에 관련된 필요지식을 통해 5장에서는 수행되는 내용으로 모발을 알고 모발에 대한 손상, 처치기술을 행할 수 있게 구성하였다. NCS 학습모듈을 해결할 수 있는 이론서인 〈미용학개론〉은 학습모듈 명 '모발관리'(LM1201010535_16v2)를 배경으로 한다. 이에 교재를 위해 방학도 반납하고 수고해 주신 한서대 미용학과 3년 이혜진 양께 깊은 감사와 아울러 출판을 맡아 애써주신 성안당 출판관계자님과 박남균 부장님에게 깊은 감사를 드립니다.

2016년 8월
저자 識

목차

CONTENTS

CONTENTS

SEM을 통한 모발 구조

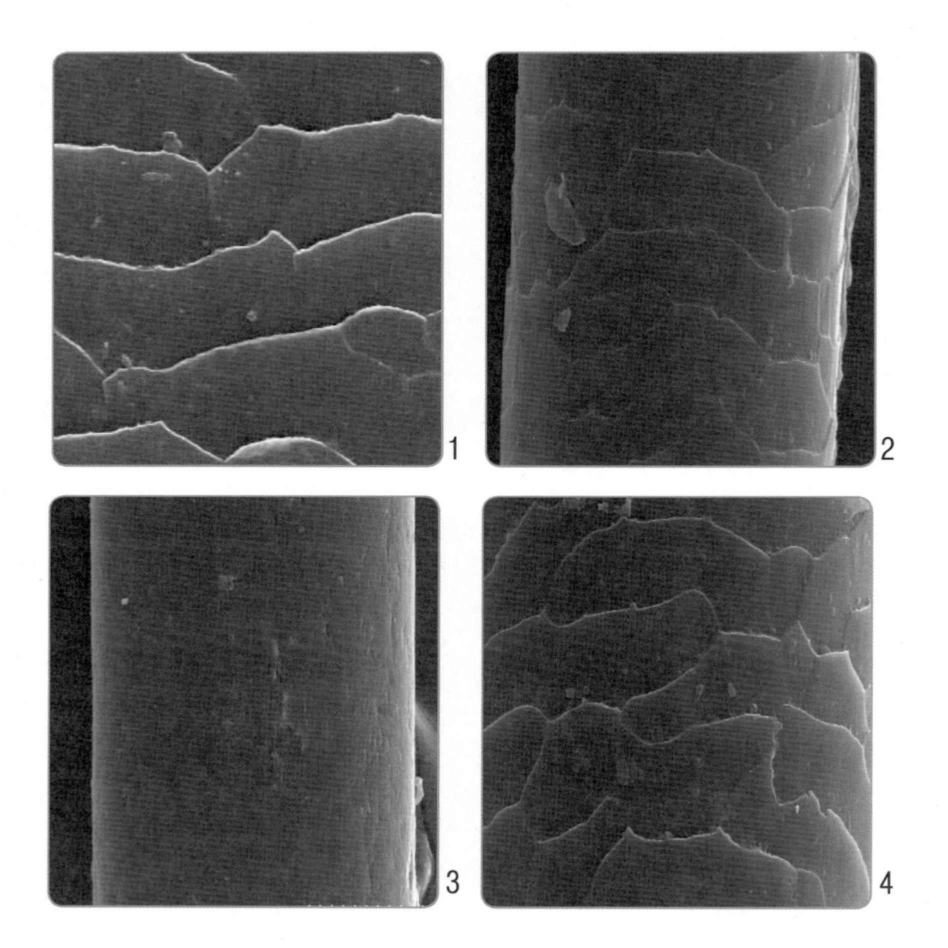

1. 남자 30대 머리털
2. 새끼 사자털
3. 암컷 오랑우탄 가슴털
4. 암컷 퓨마 가슴털

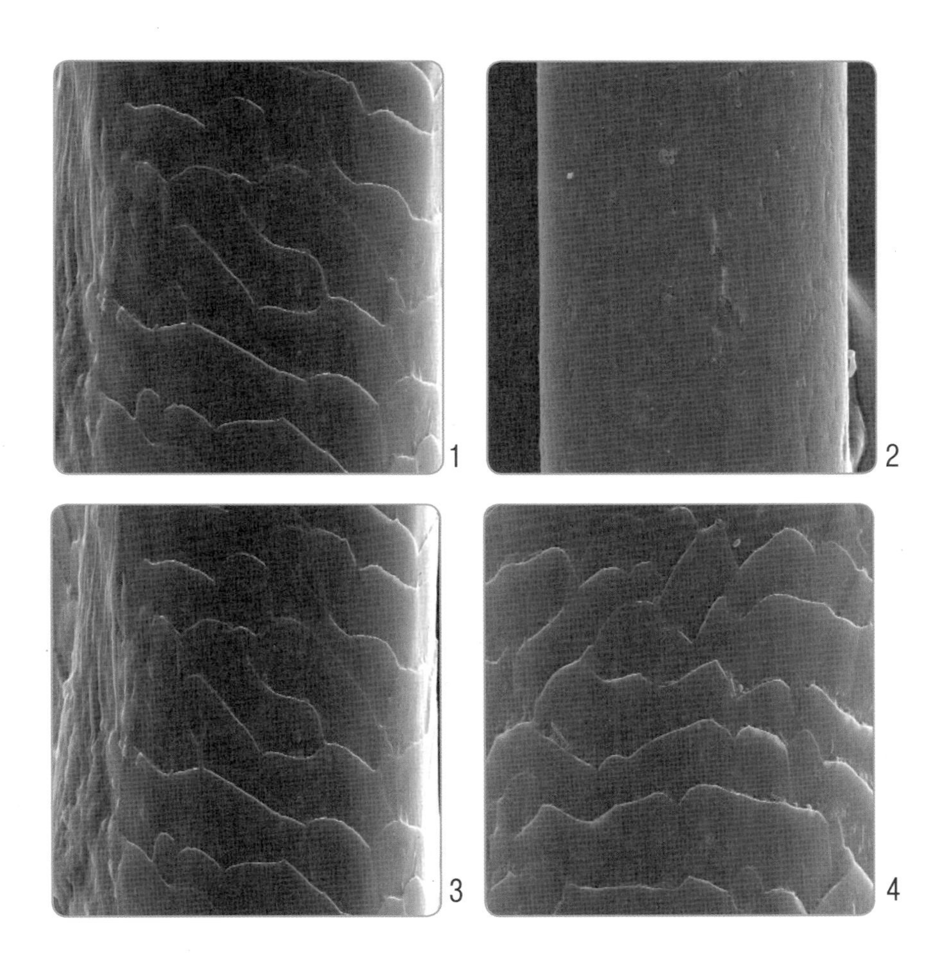

1. 남자 50대 다리털
2. 오랑우탄 털
3. 여자 50대 속눈썹
4. 여자 30대 머리털

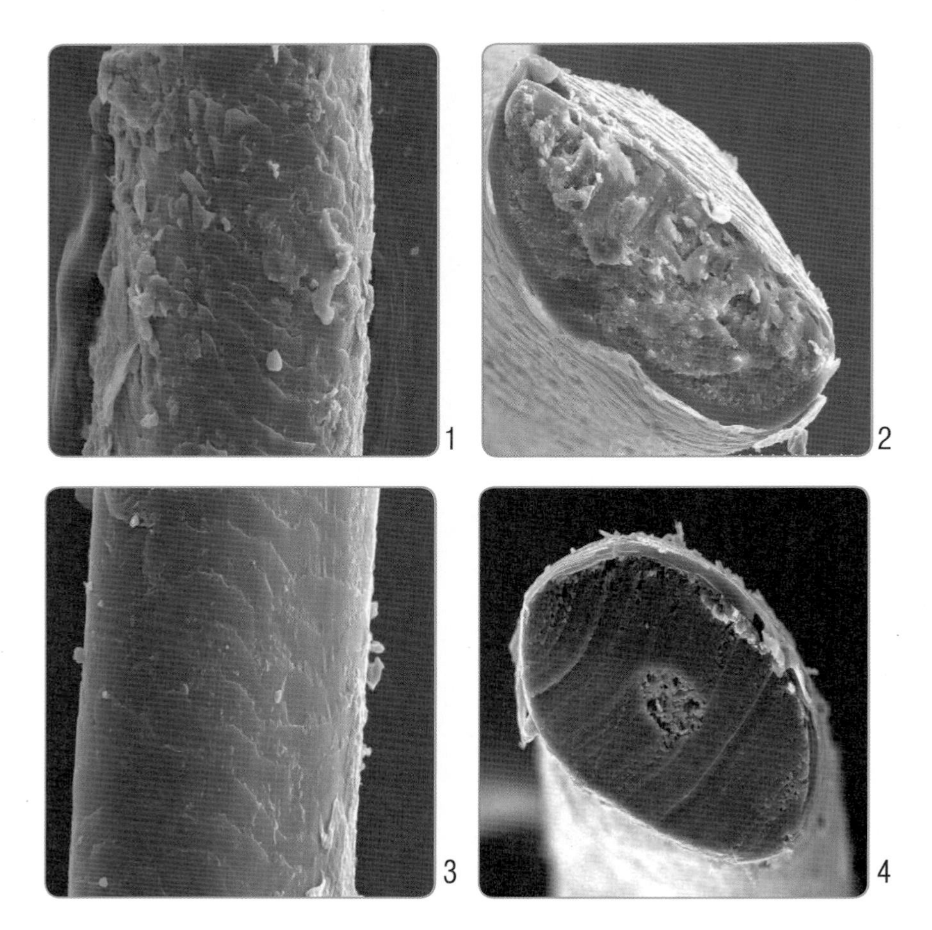

1. 여자 20대 눈썹
2. 여자 20대 눈썹 단면
3. 남자 70대 염색모
4. 남자 70대 염색모 단면

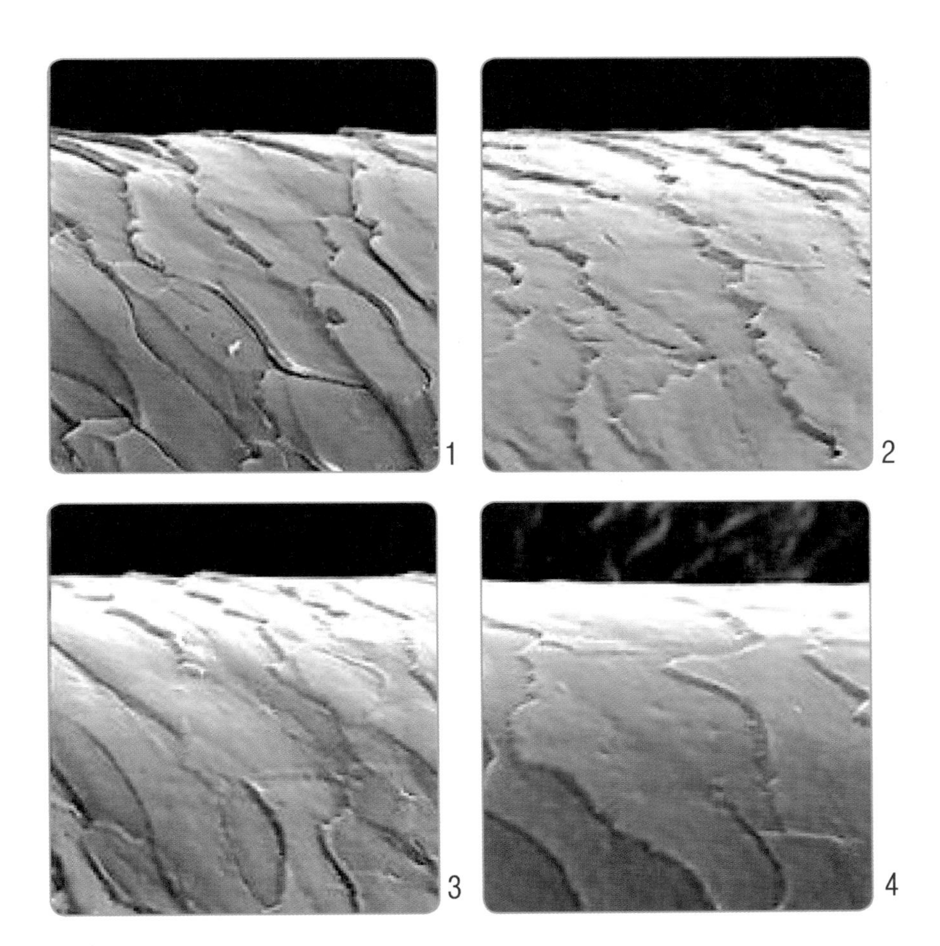

1. 남자 30대 눈썹
2. 남자 30대 코털
3. 여자 30대 액와모
4. 남자 50대 가슴털

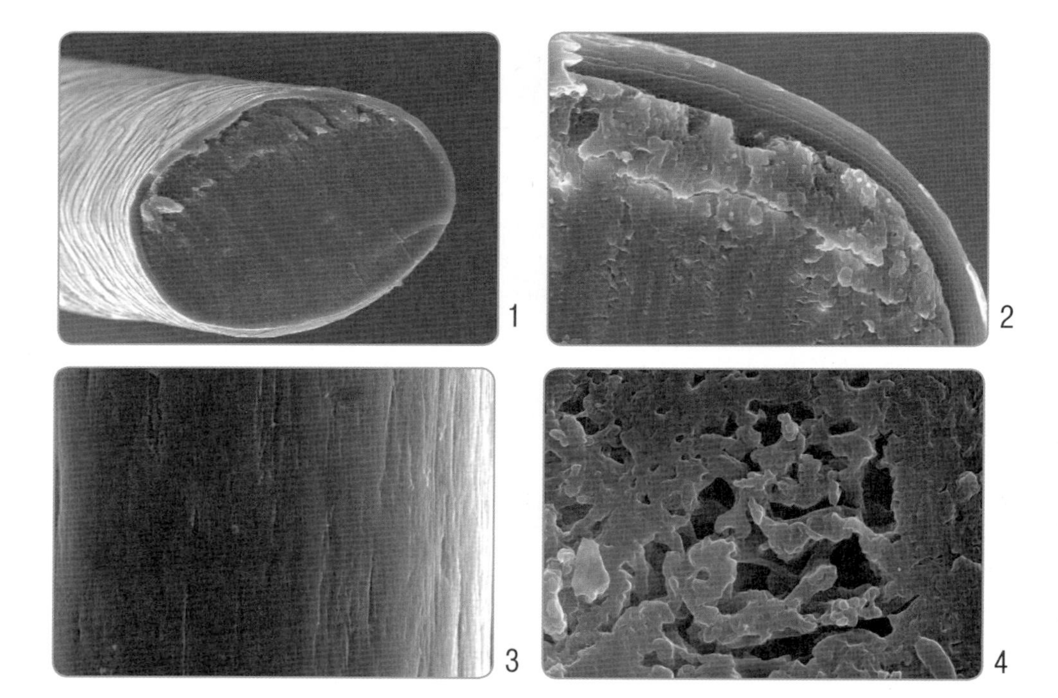

1. 남자 50대 백모 단면
2. 남자 30대 액와모 단면
3. 남자 50대 백모
4. 남자 50대 솜털

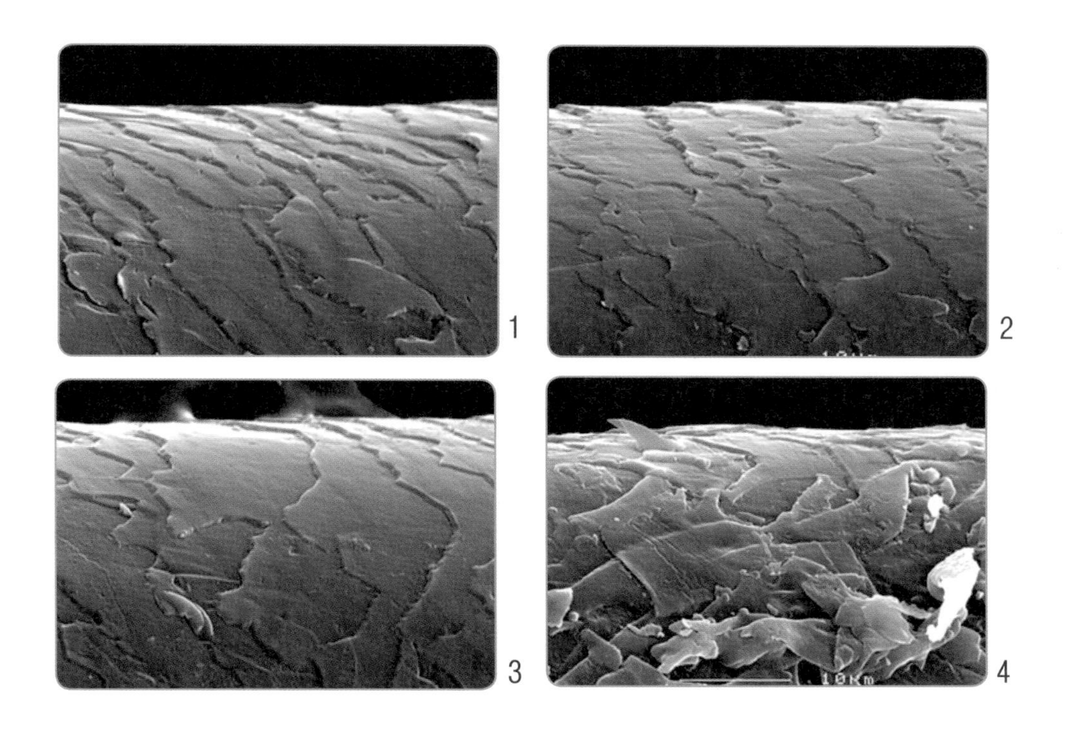

Thioglycolic acid 처리 후 탈색모의 형태적 변화(시료처리 시간 20분)

1. 티오글리콜산 처리모
2. 탈색처리 1회
3. 탈색처리 2회
4. 탈색처리 3회

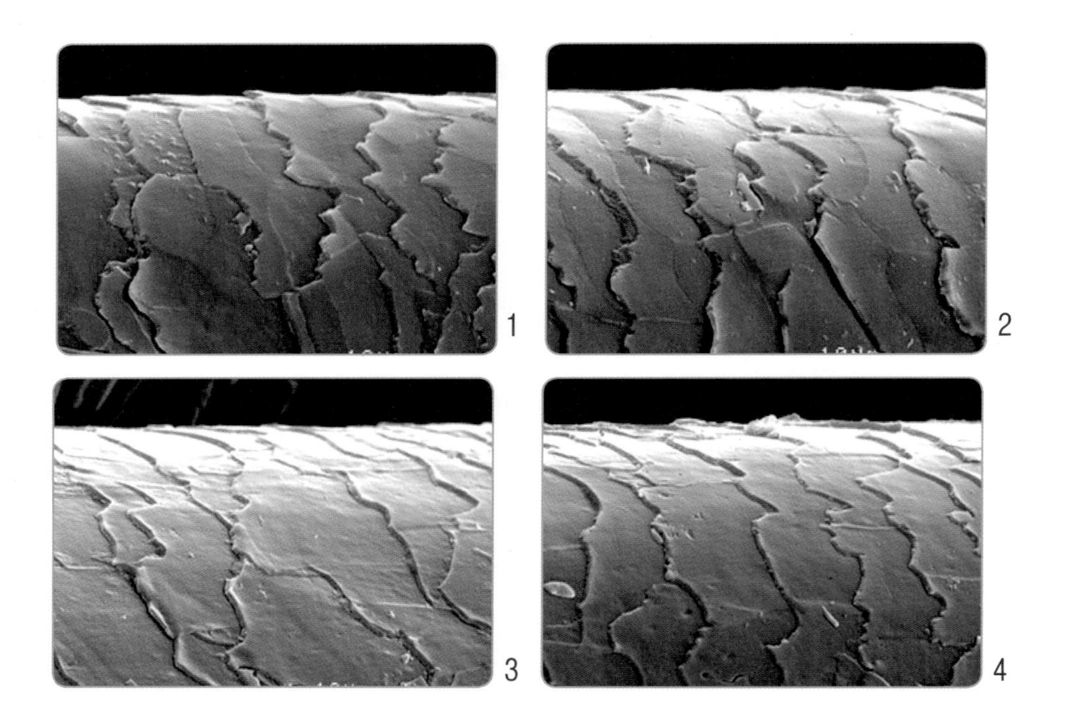

Cysteamine perms 처리 후 탈색모의 형태적 변화(시료처리 시간 20분)

1. 시스테아민 처리모
2. 탈색처리 1회
3. 탈색처리 2회
4. 탈색처리 3회

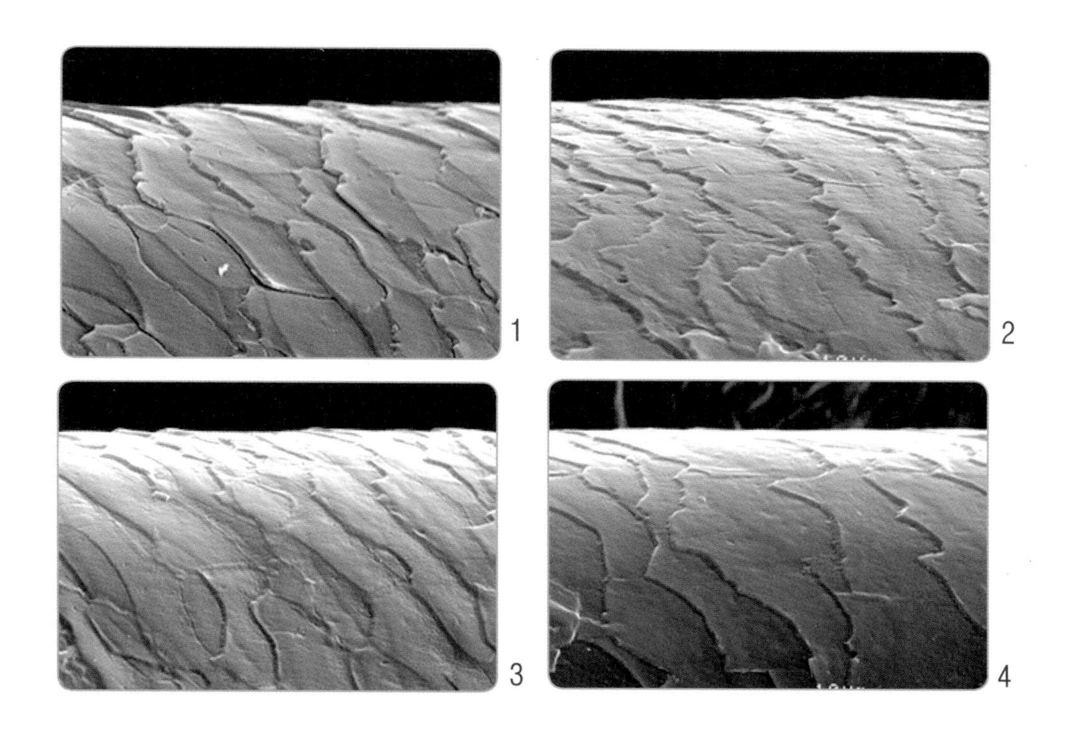

Cysteine 처리 후 탈색모의 형태적 변화(시료처리 시간 20분)

---

1. 시스테인 처리모
2. 탈색처리 1회
3. 탈색처리 2회
4. 탈색처리 3회

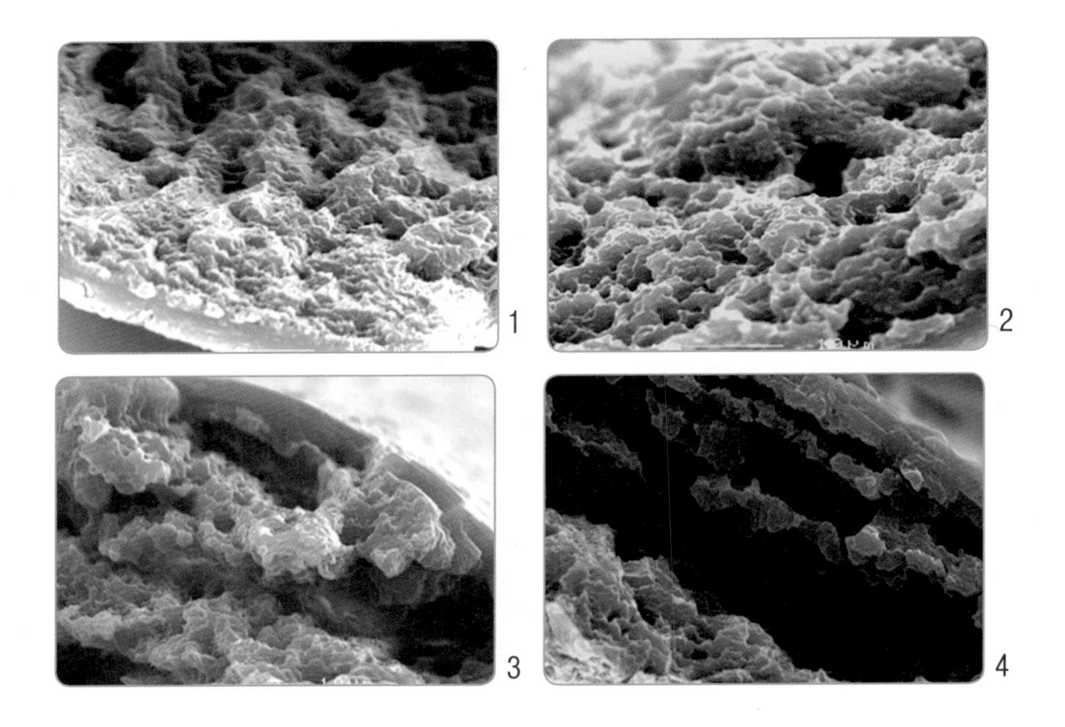

Thioglycolic acid 처리 후 탈색모의 단면(시료처리 시간 30분)

1. 티오글리콜산 처리모
2. 탈색처리 1회
3. 탈색처리 2회
4. 탈색처리 3회

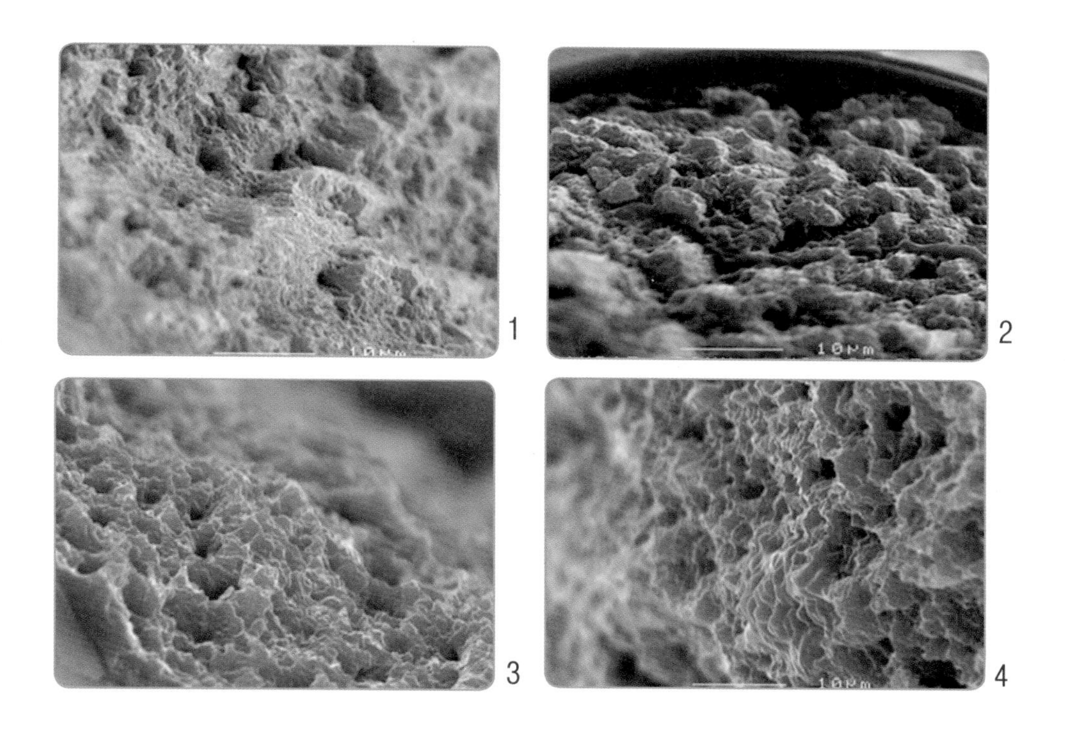

Cysteamine 처리 후 탈색모의 단면(시료처리 시간 30분)

---

1. 시스테아민 처리모
2. 탈색처리 1회
3. 탈색처리 2회
4. 탈색처리 3회

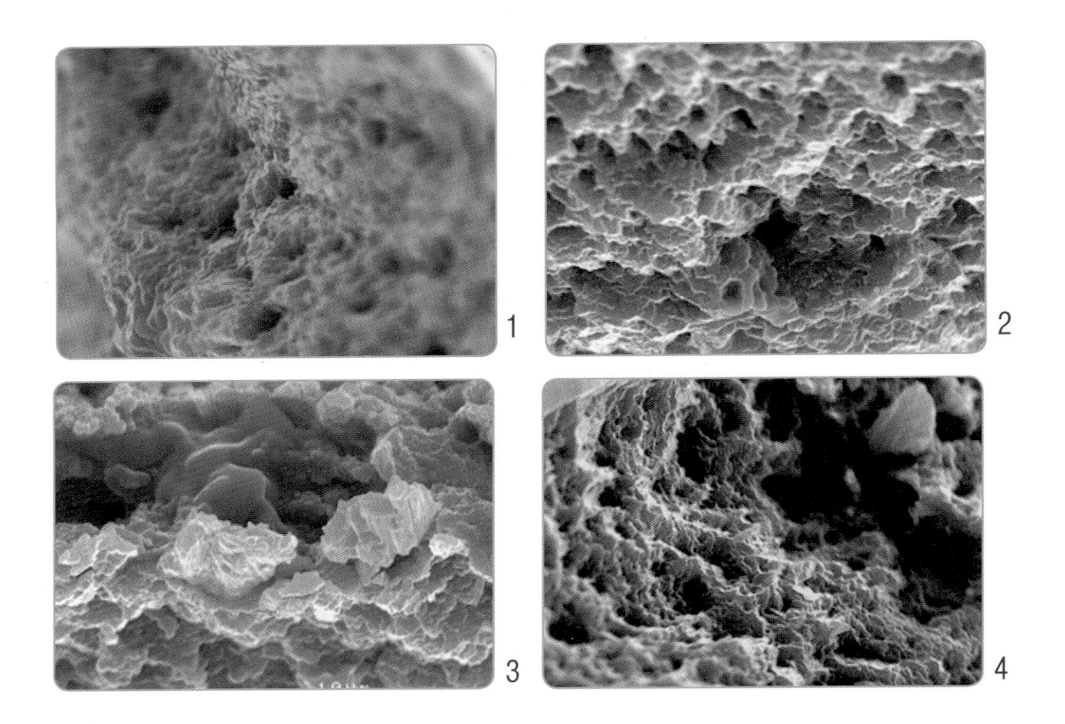

Cysteine 처리 후 탈색모의 단면(시료처리 시간 30분)

1. 시스테인 처리모
2. 탈색처리 1회
3. 탈색처리 2회
4. 탈색처리 3회

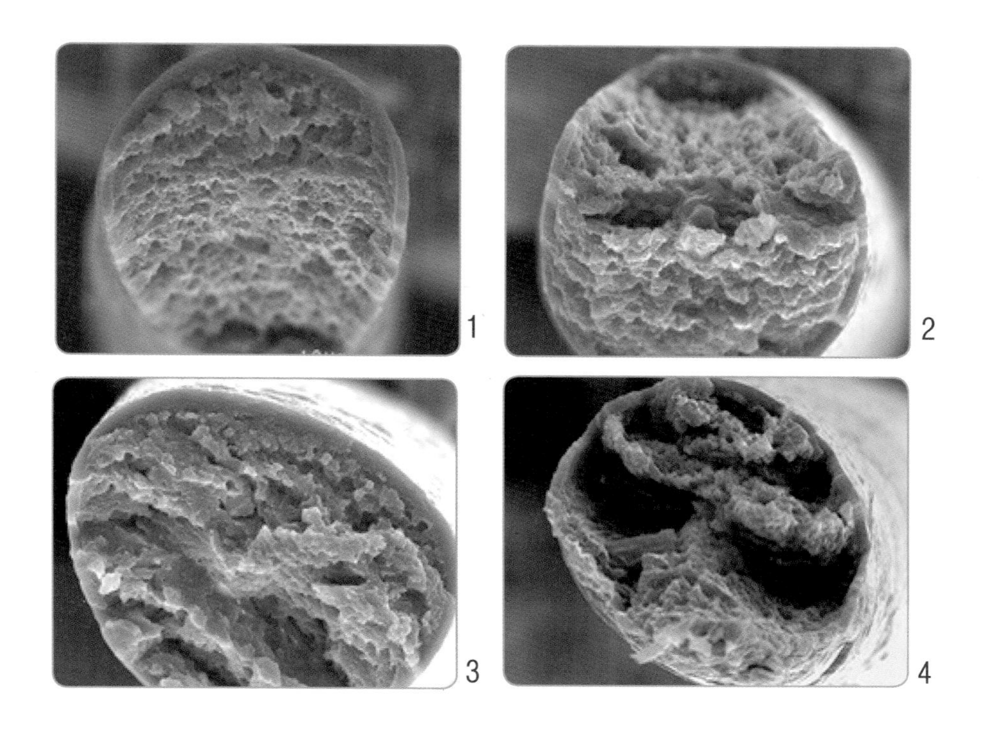

웨이브 용제 처리의 형태적(단면) 변화(시료처리 시간 30분)

1. Cysteamine Perms 탈색 2회 30분
2. Cysteine Perms 탈색 2회 30분
3. Thioglycolic Perms 탈색 2회 30분
4. Thioglycolic Perms 탈색 3회 30분

웨이브 용제 처리의 형태적(단면) 변화(시료처리 시간 30분)

1. Thioglycolic Acid 탈색 2회
2. thioglycolic Acid 탈색 2회
3. Cysteamine Perms 탈색 2회
4. Cysteine Perms 탈색 2회

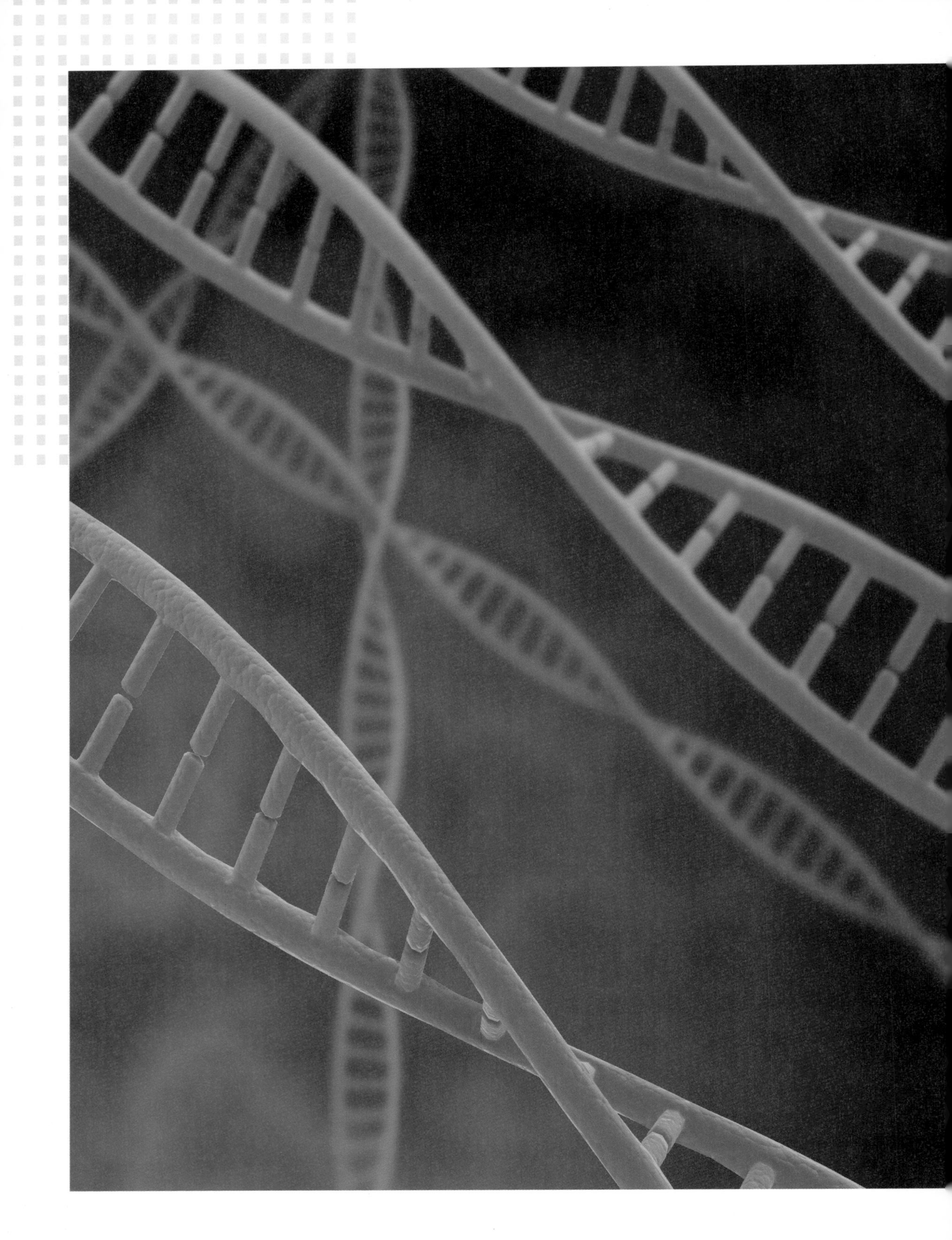

모발발생학

1. 두개피 생리
2. 두개피부 조직
3. 두개피 부속기관

인간은 태어날 때부터 뇌에 대한 이중, 삼중의 보호장치 조직인 두개피(Scalp)가 있다. 뇌에 충격이 가해질 때 일차적으로 두개피 모발(Scalp Hair, Capillus)이 그 충격을 덜어주고 이차적으로 두개피부(Head Skin)가 흡수해 버린다. 이는 자외선처럼 강한 열이나 빗물, 먼지, 살을 에는 듯한 추운 바람 등이 직접 뇌에 닿지 못하도록 두발이 두개피부를 보호해 주고 두개피부가 다시 뇌를 보호해 준다.

개요

생명공학 분야에 대한 흥미는 과학 진보 자체에 의해 또는 이에 따라 유발되는 사회 진보로 바뀔 수 있으며, 이러한 변화가 다시 원인이 되어 과학을 진보시키기도 한다. 모발학(Trichology) 분야에서도 이러한 반복이 끊임없이 일어나고 있다. 모발이 단순한 피부 부속기가 아니라 모발 자체를 구성하고 있는 세포로서 피부의 잠재적 줄기세포라는 의미로 확대됨에 있다. 인체(Body)는 세포가 좀 더 분화된 생리기능을 모발에 귀속시킴으로써 생명 그 자체로서 통합적으로 작용하는 조직과 기관이 본질적인 피부 생성과 이를 조절하는 주체로서 모발 세포의 발생학적 영역과 발생단계의 생리현상으로 드러낸다. 이 장에서는 모발생리의 근간인 두개피 생리와 두개피부 조직, 두개피 부속기관을 분류함으로서 발생학적 의미를 살펴보고자 한다.

첫째, 두개피 생리에서는 태생기 모발에 대한 발생을 이해함으로써 모발 성장 과정을 알게 되는 중요성이 있다. 따라서 두개피부 및 모아 발생에 따른 배아기와 태아기를, 두개피 조직인 두개골 구조와 결합조직, 두개건막을 통해 두상 형태의 근거와 두개피 분화, 모낭세포의 분화를 살펴볼 수 있다. 모발은 태생기 표피와 같은 세포에서 기원하여 형성된 한선, 피지선, 조갑과 같은 표피 부속기관과 함께 피부조직에 대해 살펴본다.
둘째, 두개피부 조직은 신체와 외부환경이 접촉하는 경계면으로 평생 끊임없이 세포분열과 분화를 통해 새로운 표피를 만들어내는 역동적인 기관이다. 따라서 표피, 진피, 피하조직 순으로 살펴본다.
셋째, 두개피 부속기관에서의 두개피는 표피부속기와 표피연결 진피부속기, 진피부속기 등을 통해 모발 생리를 살펴본다.

학습 목표

1. 두개피부 발생을 세포 분화 과정을 통하여 말할 수 있다.
2. 두개피 조직에서의 두개골 구조가 갖는 미의식으로 설명할 수 있다.
3. 두개피부 분화를 통해 모낭세포 분화를 연계하여 설명할 수 있다.
4. 두개피부를 표피, 진피, 피하지방 조직으로 분류하여 설명할 수 있다.
5. 두개피 부속기관을 두개피부 조직에 적용하여 설명할 수 있다.

주요 용어

모아 발생, 외배엽, 두개골, 분화, 모항기, 모구성 모항기, 모낭변이, 피탈, 표피부속기, 기저 막대, 각질형성세포, 색소형성세포, 인지세포, 랑게르한스세포, 표피연결 진피부속기, 모낭, 한선, 피지선, 상피집, 진피부속기, 진피근초, 기모근, 모유두, 자율운동신경

모발 발생학 1 두개피 발생

어떻게 '하나의 단세포인 수정란이 인간을 포함한 모든 동물로 되는가' 하는 것은 곧 생명 그 자체에 대한 것이다.

· 세포는 자체적으로 생명력을 갖고 있다.
· 사람은 약 350종류의 조직과 기관으로 나누어지는 형태 세포를 가지고 있다.
· 인체에서 두개피부 및 모아에 관한 발생의 근간은 태내 3~8주째의 배아기와 태아기로 나누어 설명된다.

1 두개피부 및 모아 발생(Head Skin and Generation Of Hair Bud)

태생기 모발에 대한 발생을 이해하는 것은 모발 성장 과정을 알게 되는 중요성을 갖고 있다.

1) 세포(Cell)

① 세포 구성의 3요소

세포를 구성하는 세포막, 세포질, 핵은 세포의 활성을 주도한다.

세포막의 역할 TIP

세포 간의 정보전달(다른 세포들로부터 신호를 받는 특수한 수용체를 갖고 있다) 또는 세포를 서로 붙게 한다.

세포 구조	특징
핵	세포를 둘러싸고 있는 하나의 매우 얇은 막으로 분자의 출입을 근절하고 세포 본래 모습을 유지하게 한다. 세포 간의 정보전달(다른 세포들로부터 신호를 받는 특수한 수용체를 갖고 있다) 세포를 서로 붙게 한다.

세포막	에너지 생성과 세포 성장에 필요로 하는 모든 장치와 함께 소포의 모양을 변화시키는 힘의 구조가 있어 세포를 이동시킨다.
세포질	세포질 안에 갇혀있고 특수한 막에 둘러싸여 있다. 핵 안에는 유전자를 포함하는 염색체가 있다.

② 세포 활성

세포분열로 그 수는 세포 자체적으로 일어난다. 이러한 모든 현상의 발생과정에 따라 형태적, 기능적인 특수화가 진행된다.

세포 구조	특징
세포 증식	세포 수의 증가를 요구하는 세포의 성장이 전제된다.
세포 이동	성장은 세포가 두 개로 갈라지기 전 두 배 정도의 크기를 가진 상태이다. 이런 상태의 세포를 통해 모양이 변하거나 힘을 모아서 배아 내 한 곳에서 다른 곳으로 이동할 수도 있다.
특성의 변화	특수화로서 조직이 다른 부분으로 나누어지거나 충분히 발육됨으로써 성숙하기도 하며 이동되는 이때 세포는 특성이 변하기도 한다.
세포신호 전달	생체는 통일성 있는 기능을 발휘하기 위해 내 · 외부로부터 끊임없는 자극과 반응을 통해 세포와 세포들 사이의 정보 이동과 그 정보의 세포 내 전달을 한다.

TIP 염색체(Chromo some)

각 세포의 염색체 23쌍은 유전자라는 정보를 통해 세포가 어떤 산물을 만들 것인지를 정한다.

TIP 3종류의 유전자

세포 발생에는
① 공간형성
② 형태변화
③ 세포 분화를 조절 또는 관여한다.

2) 수정란(Fertilized egg)

난자와 정자로 이루어진 수정란은 단세포로부터 시작하여 더 작은 세포들을 계속 만들어 내는 세포분열 과정을 거친다. 이러한 세포분열들은 알을 단순하게 계속 나누어 작은 세포들의 군집을 만듦으로써 초기 배아를 형성시킨다.

TIP 수정란(受精卵)

수정을 끝낸 난자로서 보통개체 발생을 시작한다.

3) 포배기(Blastula stage)

초기 배아 분할을 통해 몇 시간 내에 속이 빈 공 모양에 수정란이 배열됨으로써 포배(胞胚, Germinal)가 형성된다. 포배 형성 시 초기 배아에서는 장, 뼈, 근육 등이 세포군 포배의 표면에 존재한다.

TIP 배(胚, Embryo)

다세포 생물의 발생 초기, 아직 개체로서 생활할 수 없는 생채로서 배아(胚芽), 씨눈(배자, 胚子)이라고도 한다.

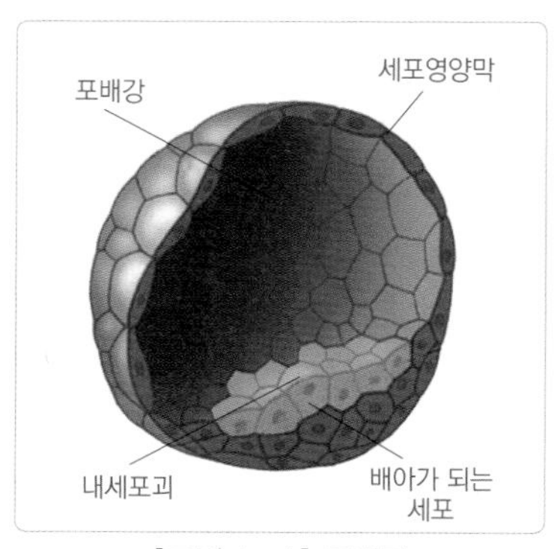

[그림 1-1] 포배기

[그림 1-2] 초기배아기(수정 후 7일)

4) 낭배기(Gastrulation)

> 낭배 형성 시 바깥쪽 세포들은 배(胚)의 안으로 이동한다. 낭배기 말기에는 이동된 성체 내에서 스스로 적절한 위치를 취함으로써 주된 신체 윤곽(Body plan)을 형성시킨다.

세포 모양이 변하여 나타나는 동물의 형태는 포배기 바로 다음 단계인 낭배기이다. 낭배기는 동물의 개체 발생 초기 단계로서 안팎 이중 세포층이 생겨 주머니 모양인 낭배 형성과정을 거친다.

① 내배엽(Endoderm)

난황 부분의 내배엽에서는 소화기계 계통의 소화관 점막상피와 소화선상피, 호흡기 점막상피, 요로의 점막상피, 이관, 인두, 갑상선 등으로 분화된다.

② 중배엽(Mesoderm)

골격(뼈)이나 연골, 평활근의 근육과 결합조직, 혈관과 혈액, 피, 지방세포, 심장, 림프관, 비장, 비뇨기 및 생식기, 장막상피, 모유두 등은 초기 배아의 중간 부분인 중배엽에서 분화된다.

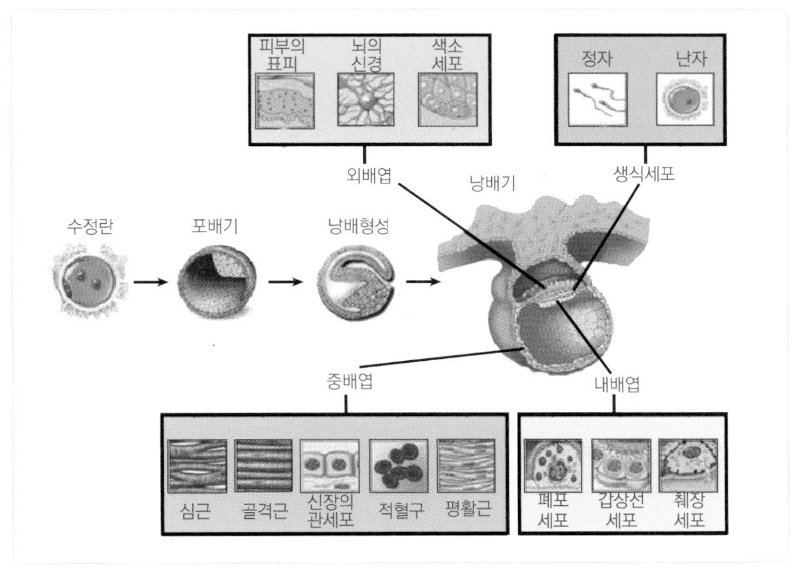

[그림 1-3] 신체 조직 분화

③ 외배엽(Ectoderm)

신경계에 따른 뇌, 피부의 표피, 모발, 손.발톱, 피부선인 한선, 피지선, 유선, 색소형성세포, 감각계 등은 초기 배아의 윗부분인 외배엽에서 발생한다.

5) 신경형성기(Neurulation)

낭배기 다음 단계인 신경형성기에서는 배아의 주된 형태 변화를 초래한다. 형태 변화는 세포층 접기 계보로서 신체 예정 배역도(Fate map)와 같은 일종의 퍼즐 과정을 가진다.

머리뼈와 얼굴뼈 TIP

① 머리뼈
- 성장이 비교적 적다.
- 신생아의 머리뼈는 신장의 ¼ 출생 시 용량이 350㎖
- 성인기의 머리뼈는 신장의 ⅛ - 유년기에 급속 성장하여 성인 150㎖

② 얼굴뼈
- 머리통 뼈와는 달리 유년기에는 천천히 성장하고 10대에 빠른 속도로 성장한다.
- 신생아에서 머리 전체 크기에 대한 얼굴 크기는 ⅛이나 성인에서는 ½이 된다.

2 두개피 조직(Scalp Tissue)

두개골인 뇌두개와 얼굴의 안두개 및 경추인 목을 중심으로 이루어진 머리(Head)에는 머리 가죽인 두개피(Scalp)가 있다. 두개피는 두개피부(Head skin)와 두발(Capillus, Scalp hair)을 포함한다.

1) 두개골 구조

두개피 가장 내측의 뇌를 감싸는 두개골 사이에는 결합조직, 두개건막이 구성되어 있다.

두개골은 머리통 뼈로서 낭배 형성기 시 외배엽에서 발생된다. 두개피부는 방수성 및 탄력성이 있는 단단한 외피와 그 아래 외피를 지지하는 진피, 피하지방 조직으로 구성되어 있다.

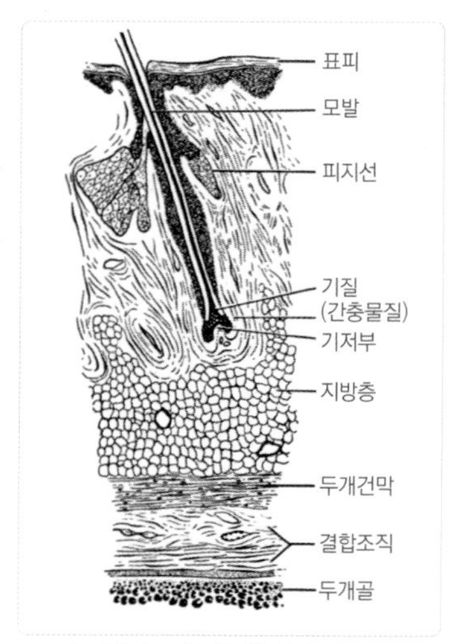

[그림 1-4] 두개피부 구조

두개골과 얼굴형 TIP

반구형인 뇌두개(Ne urocra nium) 는 뇌를 둘러싸는 8개의 뼈와 안면골(Facial bone)인 안면부를 구성하는 14개의 뼈로 구성된다. 두개골의 형상은 뇌두개(Cranium)와 안면두개(Facial Bones) 크기의 비례로서 얼굴형을 나타낸다.

① 두개골(頭蓋骨, Skull)

1개의 뼈로 보이는 두개골은 실질적으로는 22개 뼈로 구성되어 있다. 이러한 두개골은 뇌, 시각기관, 평행청각기관 등을 보호하며 생명유지에 필요한 소화 및 호흡과 관련된 구강 및 비강내의 구조들을 포함한다.

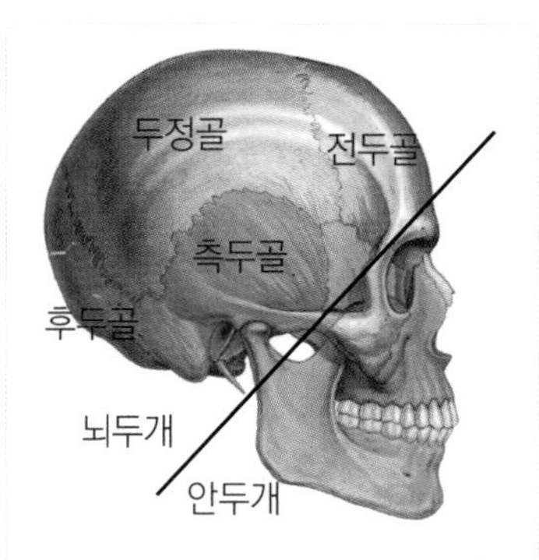

[그림 1-5] 두개골의 구조

모발 미용에서 두개피 육모에 관련된 두개(頭蓋)는 두개골, 두개건막, 결합조직으로 구성되어 있다. 특히 두개골의 뇌두개는 크게 4네 부분으로 살펴볼 수 있다.

㉠ 전두골(Frontal bone)

두개골 앞면 이마에 있는 조개 모양으로 생긴 한 개의 전두개(이마 뼈)로써 얼굴과 두발 경계선인 발제선을 포함한다. 두개피내의 전발(前髮)이 존재한다.

㉡ 두정골(Parietal bone)

두개 폭에서 가장 넓은 영역(Zone)과 함께 두정융기로서 가장 높은 단계(Level)인 4개의 모서리(Margin)와 4개의 각(Angle)이 있다.

두개골 윗면 좌우 한 쌍 머리뼈의 윗벽을 이루고 있는 사각형 접시 모양 납작뼈(마루뼈)이다. 모발 조형에서 곡(鬠)을 포함한 전발, 양빈(兩鬢), 포(髱)의 경계 부분을 가진다.

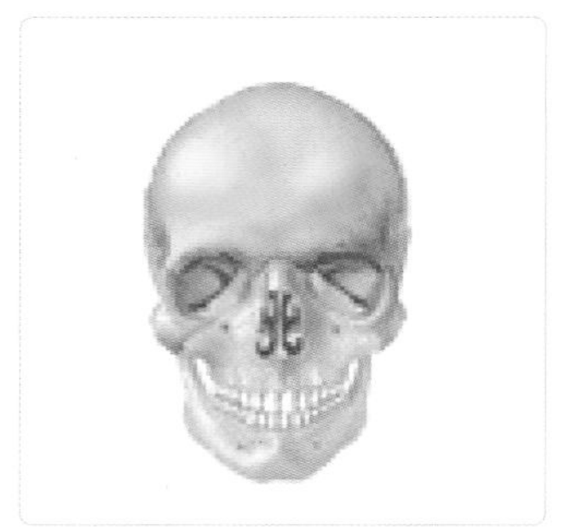

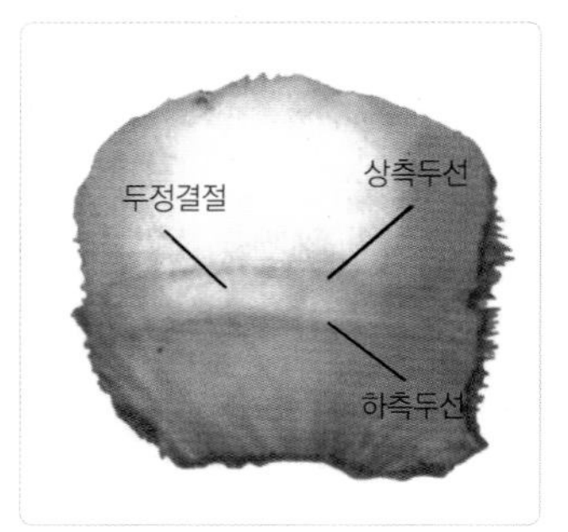

[그림 1-6] 두정골

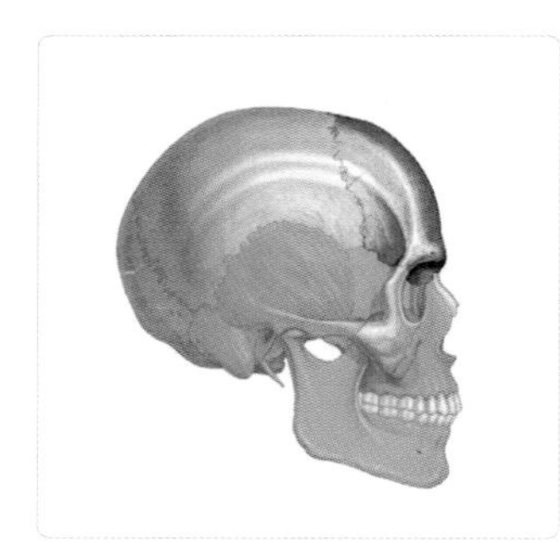

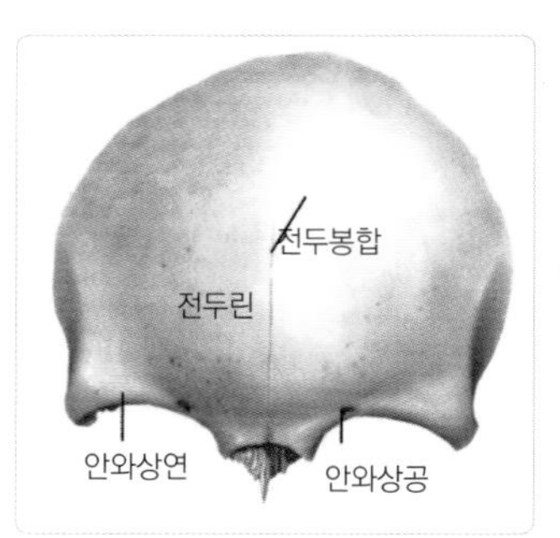

[그림 1-7] 전두골

ⓒ 측두골(Temporal bone)

두개골 옆면 좌우 한 쌍으로 두개골 외측 안쪽 두개 측면 중앙에 있는 복잡한 형태의 뼈(관자뼈)이다. 얼굴 측면 발제선 (Face line)을 포함한 두개피내 양빈(兩鬢)이 존재한다.

ⓓ 후두골(Occipital bone)

> 후두골 뒷면 중앙부에서는 바깥 후두융기가 있다. 이는 가장 두드러진 부위로서 뒤통수점(Linion, Back point)이라 하며 두개골 계측에서 중요한 기준점이 되기도 한다.

두개골 뒷면 뒤통수 부위에 있는 마름모꼴의 뼈로서 주로 후두비늘이 관찰된다. 위쪽에는 좌우의 두정골이 있고 외측에는 측두골의 유골기가 관찰된다. 목선(Nape line)과 목옆선(Nape side Line)을 경계선으로 하는 두개피내 포(髱)가 존재한다.

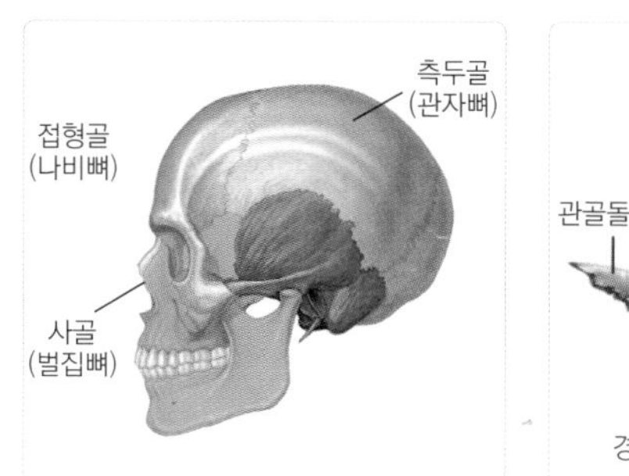

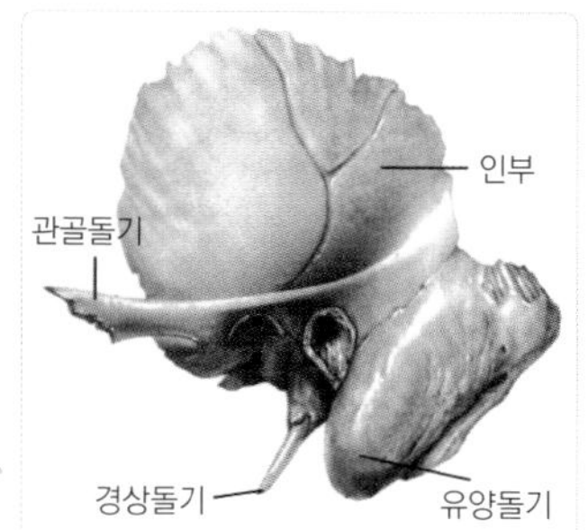

[그림 1-8] 측두골

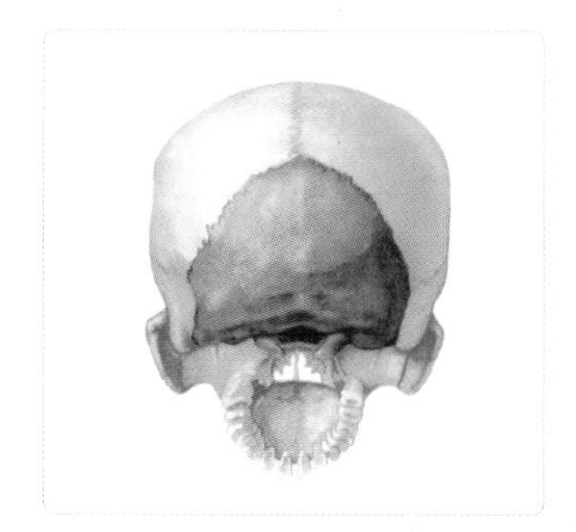

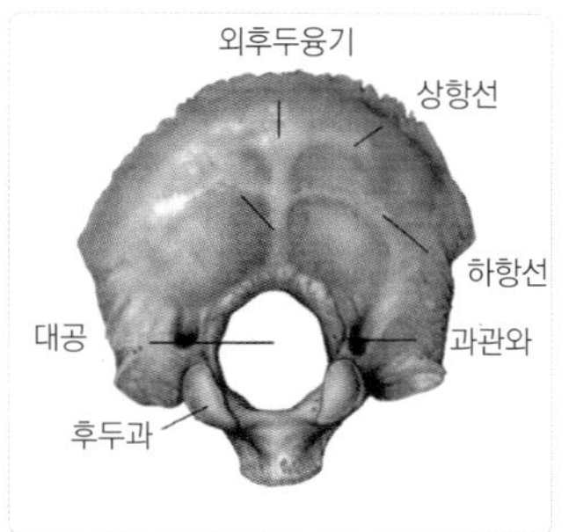

[그림 1-9] 후두골

2) 결합조직(結合組織, Connective tissue)

> 결합 조직을 구성하는 세포들은 드문드문 흩어져 있으며 세포 간 물질이 무정형의 기질로서 세포 사이에 폭넓게 채우고 있다.

인체 외피 또는 몸 내부 장기의 상피조직 아래 분포된 결합조직은 기질, 섬유, 세포 등 3가지로 구성되어 있다.

3) 두개건막(頭蓋, Meninges)

지주막과 유막 사이에는 수액이 들어 있어 외부로부터 충격이 뇌에 직접 도달하지 못하게 되어 있다.

두개건막은 경막, 지주막, 유막의 3중 뇌막으로서 두개골을 보호하고 있다.

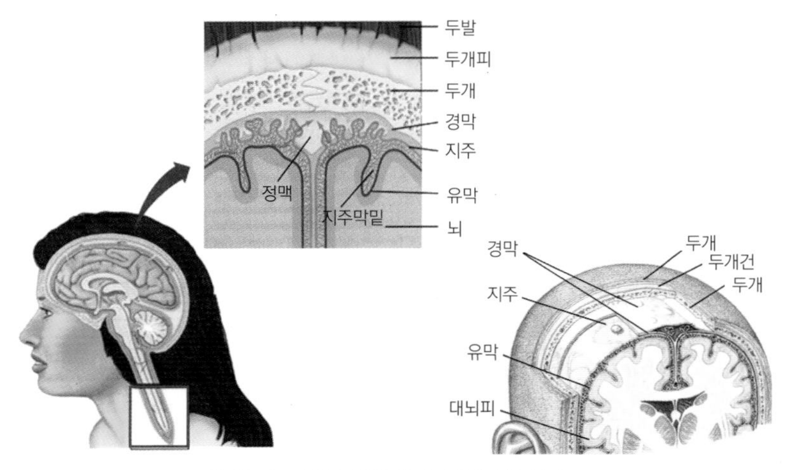

[그림 1-10] 두개건막과 두개골의 구조

① 경막(硬膜, Dura mater)

두개골 안에서 뇌의 바깥쪽을 둘러싸고 있는 경막은 척수를 둘러싸고 있는 뇌경질막(Dura Mater Spinalis)과 연속되어 있다.

뇌경질막인 경막은 두개골에 단단히 부착되어 있기 때문에 두개골의 골막(Periosteum)과 융합되어 있어 이 두 층을 분리하기가 쉽지 않다.

② 지주막(蜘蛛膜, Arachoid membrane)

지주막인 거미막은 섬유모세포(Fibroblast)의 세포질 돌기와 약간의 결합조직 섬유로 구성되어 있으며 혈관이 없는 얇은 결합조직 막이다.

③ 유막(柔膜, Pia mater)

유막은 외연질막으로서 혈관을 많이 함유한 성긴 결합조직막(Loose connective tissue membrane)으로 뇌의 실질 표면에 부착되어 있다.

3 두개피부 분화(Head Skin Differentiation)

> 두개피는 두개골의 체표를 덮고 있는 두개외피를 구성하는 피부 조직이다. 이는 물리·화학적인 방법이 가해지는 외계로부터 뇌를 보호하는 동시에 전신대사에 필요한 생화학적 기능을 영위하는 생명유지에 불가결한 기관이다.

TIP 분화(分化)
발생의 과정에서 형태적, 기능적 특수화가 진화되어 다른 부분으로 나누어짐으로써 성장과 분열의 결과로 형성된 각 세포가 조직 혹은 기관의 성질이 비가역적으로 변하는 것이다.

두개외피(Integument,Covering, Coating)는 집합적으로 표피라고 불리는 일련의 세포들로서 투명층을 제외한 얇은 피부로 구성되어 있다. 이는 초기 두개피부와 모아 발생하는 후기 두개피로 분화 과정을 나눌 수 있다.

TIP 얇은 피부
투명층을 제외한 각질, 과립, 유극, 기저층으로 구성된 표피층이다.

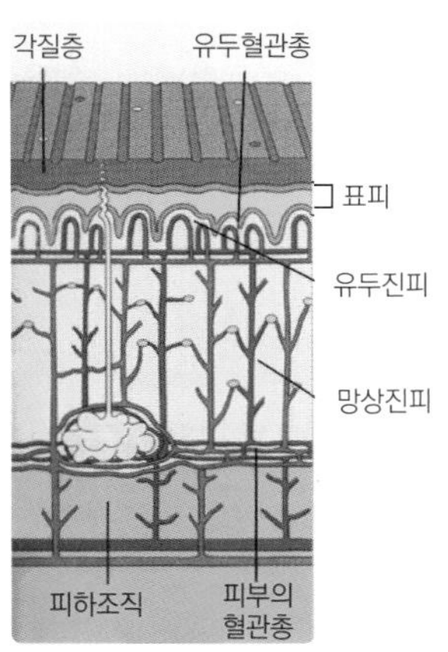

[그림 1-11] 얇은 피부와 두꺼운 피부

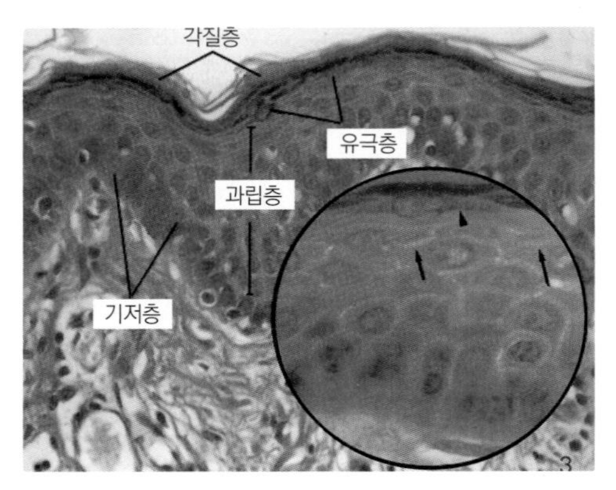

[그림 1-12] 투명층이 없는 피부

1) 초기 외배엽판

표피 기저층인 배아층과 중간층인 말피기층 양막의 일부는 발육과 함께 탈락하는 주피층으로 형성된다.

이러한 초기 두개피부는 태생 6~7주(55일~57일)에 배아로서 태아 표피층(Periderm layer)을 이루는 한 층의 외배엽 세포로 구성된다.

2) 후기 두개피

초기 외배엽판 형성에 따라 피부 기저층 세포들이 증식하여 두꺼워짐으로써 3~5층의 중간층이 배아층과 태아 표피 사이에 형성된다. 이때 모아(Hair bud)가 발생된다.

모아층이 발생되는 태생 12~14주에 초기 두개피부가 분열됨으로써 가장 아래쪽에서 배아층, 중간층 그리고 주피가 구성된다.

3) 두개피부층

초기, 후기 두개피 형성을 바탕으로 세포분열이 활발한 기저층(Stratum basal)에서 유래한 중간층(Intermediate layer)과 태아 표피로써 3층이 구성된다.

TIP **표피(Epid ermis)**

- 이는 대부분이 각질형성세포로 이루어진 중층 편평 각 화 상피이다.
- 대략 0.04 ~ 1.6mm(평균이 0.1mm)

중배엽에서 발생하는 진피의 유도에 따라 완성 표피가 됨으로써 두개피부 조직은 표피, 진피, 피하조직의 구조를 가진다.

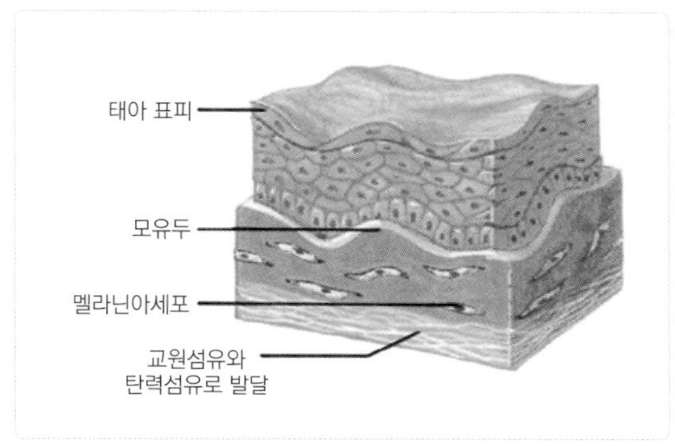

[그림 1-13] 태아기 11주경 두개피부

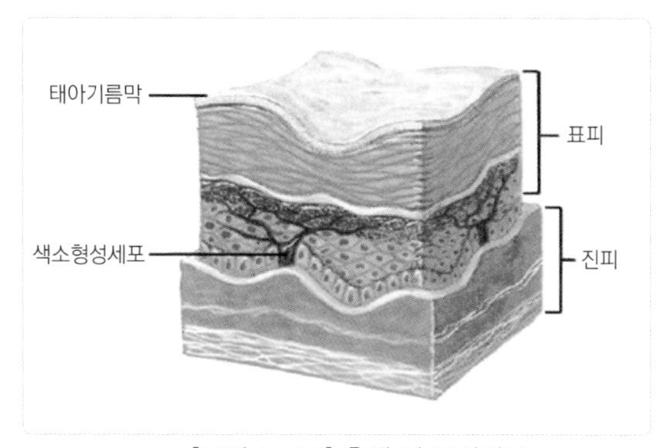

[그림 1-14] 출생 시 두개피부

4 모낭세포의 분화(Differentiation of hair follicle cell)

- 분자 수준의 세포들은 자기 자신에게만 있는 전문성을 얻어 각자의 독자적인 방식으로 기능을 수행한다.
- 세포의 근본은 같은 것이나 기능에 있어서 피부 일부는 다른 근육 또는 혈관과 같은 형태의 세포로 바뀌듯이 모든 동물체 발생 과정 또한 하나의 세포인 수정란으로부터 증식, 성장, 분화를 기초로 한다.
- 인간 특수성이 기본이 되는 두개피 내 모낭에서의 생물학적 합성구역은 모구부 주위에 존재한다.

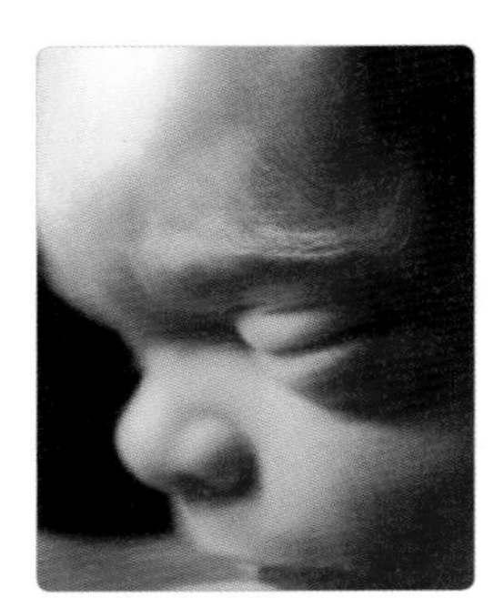
[그림 1-15] 모발의 발아

모아 발생 역시 피부 발생과 같은 시기에 표피 각질형성세포와 진피의 섬유아(모)세포 간 복잡한 상호작용으로 일어나는 것으로 알려졌으나 정확한 기전은 밝혀져 있지 않다.

1) 모낭 발생

인간 특수성이 기본이 되는 두개피 내 모낭에서의 생물학적 합성구역은 모구부 주위에 존재한다.

외배엽판 → 전모아기 → 모항기 → 모구성 모항기 과정을 통해 완전한 모낭이 5단계로써 형성된다.

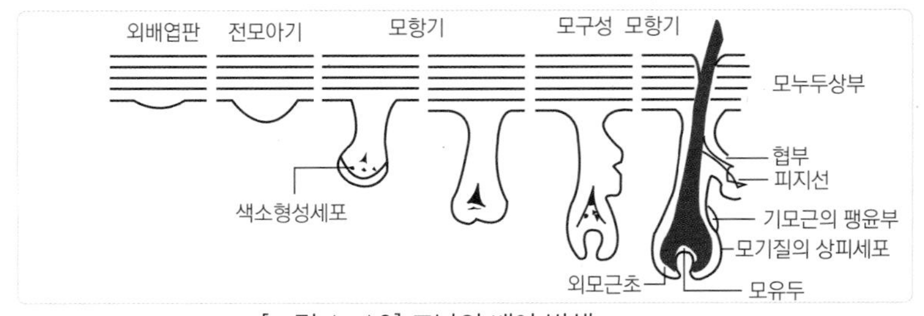

[그림 1-16] 모낭의 배아 발생

① 외배엽판(Ectoderma placode)

> 모낭의 발생 부위에서 처음으로 관찰되는 움직임의 변화는 외배엽판부터 이다.

모낭세포 분화 형성에서 모아 형성 개시 단계인 외배엽 판은 배아층 세포와 주피, 2개의 층으로 구성된다.

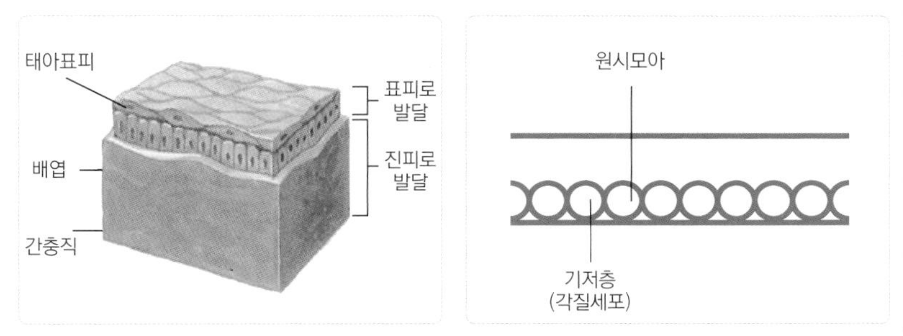

[그림 1-17] 배아 7주째 외배엽판

② 전모아기(Primary hair germ stage)

표피 배아층이 진피쪽으로 볼록해지면서 진피 중간엽 세포의 응축(Mesenchymal cell condensation)이 일어난다. 즉, 진피층으로 침입하는 단계를 전모아기라 한다.

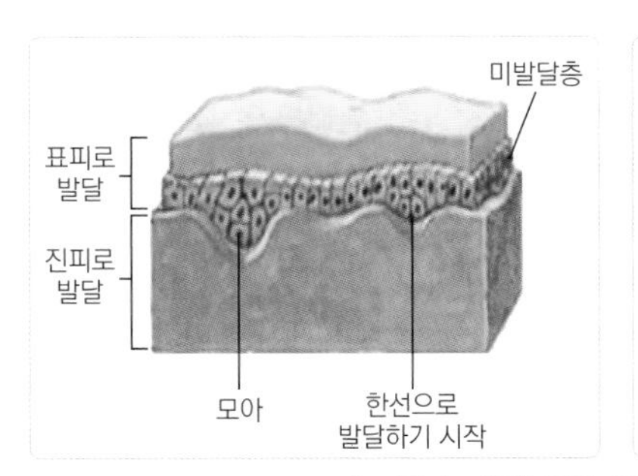

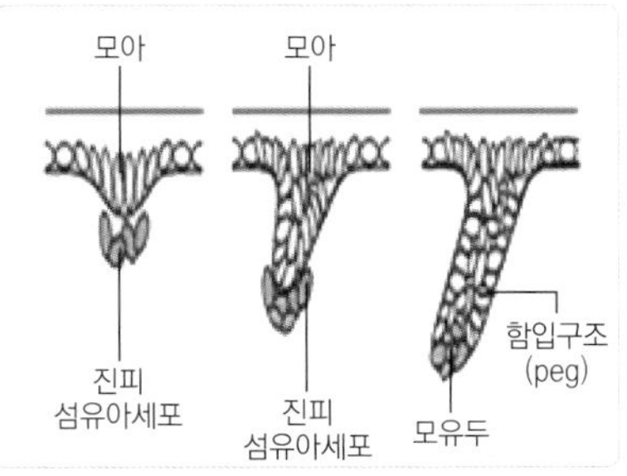

[그림 1-18] 배아 7주째 외배엽판

③ 모항기(Hair peg stage)

볼록해진 표피가 아래쪽으로 증식하여 내려오며 그 끝에는 모유두(Dermal papilla)를 이루려 하는 중간엽 세포들이 보인다.

㉠ 모유두

모항기 진행 후 기둥의 끝은 약간 둥글어지며 중앙부에 요철이 형성된다. 요철 속에는 간엽계의 모유두가 안착한다.

㉡ 피지선

모낭 기둥 후면에 두개의 세포 집단이 부풀어 있어 상부에는 피지선의 근원이 되는 장소이다.

㉢ 기모근

하부에는 팽윤부로 초기퇴화와 함께 기모근(起毛根)이 부착되는 장소이다.

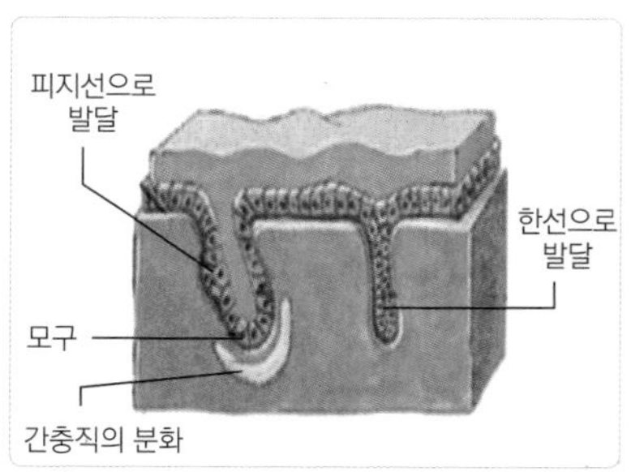

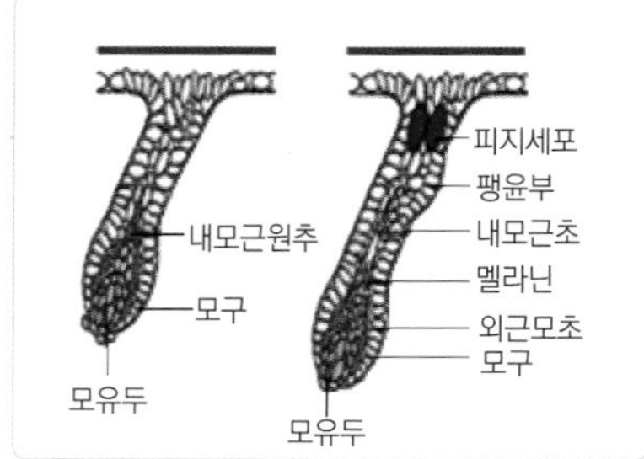

[그림 1-19] 태아 15주째 외배엽판

TIP 기질상피세포

모모세포와 모유두로 구성된 기질상피세포는 모유두부위의 모세혈관으로부터 영양을 공급받아서 세포분열과 분화를 일으킨다.

④ 모구성 모항기(Bullbous hair peg stage)

모낭 돌출 끝의 모기질(Hair matrix) 부위가 모유두를 둘러싸기 위하여 볼록(Hair bulb)해진다. 또한, 이 시기에 피지선과 기모근의 부착 부위가 팽창된다.

모항기 이후 형성된 모구성 모항기에서는 모근 팽윤에 따른 모구부가 둥그렇게 형성되는 단계와 함께 모낭 중심부에 모추가 형성된다.

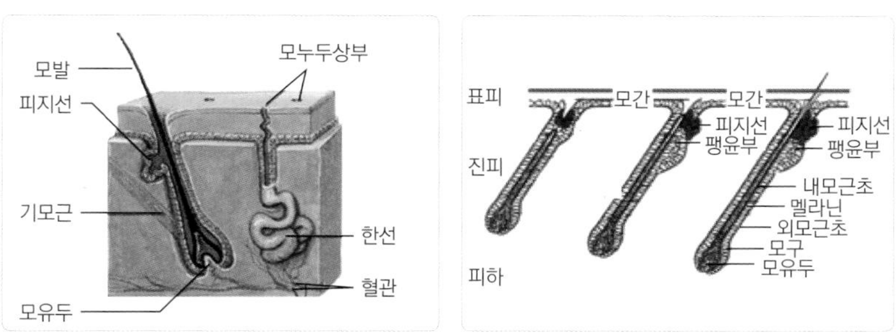

[그림 1-20] 모구성 모항기

⑤ 모낭 형성

모기질 세포의 분열이 끝나면서 분화가 시작되고 내측모근초와 모발을 형성하게 됨으로써 완전한 모낭이 구성된다.

2) 모낭변이(Follicle conversion)

인간 삶에 있어서 모주기(Hair cycle)에 따른 두개피 모발의 종류는 성장과정에 따른 굵기로서 7번 변화된다. 이는 취모(毳毛, Lanugo hair), 연모(軟毛, Lanugo hair), 중간모(中間毛, Intermediate hair), 경모(硬毛,Terminal hair), 세모(細毛, Vellus hair) 등의 형태로 구분된다.

① 태모(胎毛)

태내(모태)에서 취모는 얼굴 안면에 가장 먼저 발모 되며 4~5개월까지 전신에 발모된다. 탄생이 가까워지면 새로운 취모로 털갈이한다.

② 취모(毳毛, Lanugo hair)

신생아의 취모(배냇모발)는 모수질이 없고 부드러우며 갈색(멜라닌 색소가 적다)을 띤다.

모발 TIP

- 태생기 9~12주에 눈썹이 처음 형성
- 태생기 16주(4개월경) - 두개피모발 형성
- 태생기 20~24주(5~6) - 전신에 모낭 형성 완료
  → 이 시기 이후에는 더는 모발이 형성되지 않는다.

③ 중간모

생후 5~6개월쯤 중간모 형태의 경모가 생성된다.

④ 경모

사춘기 이후 2번의 모주기가 되풀이된다.

⑤ 세모

경모로서 모낭 축소화가 갖는 현상에 의해 연모화된다.

[표 1-1] 모낭의 변이

모발의 종류 (Type of Hair)	유아기 모발 중간모	유년기 모발 1차 경모	사춘기 이후 모발 2차 경모	세모
나이	1세 이하	1~12세	13세 이상	30세 이상
최대 길이 (cm)	15	60	100, 1m, 1m 이상	0.1
최대 직경 (㎛)	20	60	30~120	4㎛ 혹은 더 가늘거나 얇음
색소	경모와 연모의 중간 정도의 온화한 색소가 있음		짙고 어두운 색소	옅은 색소
모피지선	–	하나의 모발에 하나의 모피지선		경모보다 가는 모발에 모피선 발달됨
모주기	–	3~8년 생장기로서 긴 모주기를 가짐		90% 이내 퇴화기로서 모주기가 짧음

MeMo

모발 발생학 2 두개피부 조직

신체와 외부환경이 접촉하는 경계면인 피부는 일생 끊임없이 세포분열과 분화를 통해 새로운 표피를 만들어내는 역동적인 기관이다. 이는 외부에서부터 표피, 진피, 피하지방층 등 독특한 3개 층으로 구성되어 있다. 두개피부는 신체로부터 체액이 빠져나가는 것과 병균 및 유해물질이 침투하는 것을 막는 장벽으로서의 중요한 기능을 한다.

1 표피(Epidermis)

두개피부 TIP

두개피부는 얇은 피부로서 표피, 진피, 피하지방층과 부속기관 등으로 대별된다. 두개피부층의 세포구조는 중층편평상피로서 두꺼운 피부는 0.8~1.4mm, 얇은 피부는 0.1~0.2mm 두께를 가진다.

두개피 내 표피층은 상피조직의 얇은 피부층으로서 혈관과 신경이 분포되어 있지 않다.

1) 두개표피 세포층

> 정상표피는 기저층에서 각질층에 이르기까지 세포분열, 증식, 분화 및 탈락을 반복하면서 재생속도가 정확하게 조절되는 항상성(Homeo stasis)을 유지한다.

표피층 구조는 각질, 과립, 유극, 기저층으로 분화된 투명층이 없는 얇은 피부이다. 이 층은 살아있는 세포와 죽어있는 세포의 잔여물들과 함께 지속적인 세포 재생을 가진다.

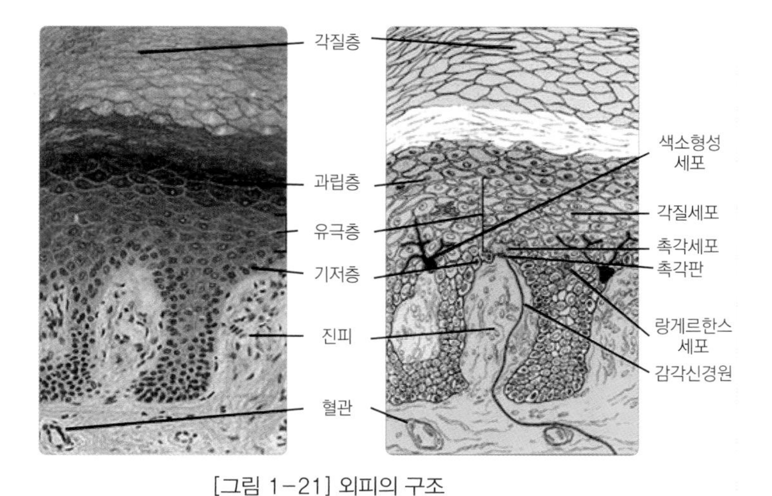

[그림 1-21] 외피의 구조

① 기저층(Stratum germinativum, Basallayer)

표피의 최하층 기저세포(Basal Cell)에서는 새로운 상피세포로서 세포분열을 통해 표피세포를 만들어낸다.

진피유두와 표피 기저와의 경계표면 돌기에 분포된 모세혈관으로부터 영양을 공급받는다. 핵이 있는 원주형 또는 입방형 세포인 모기질 기저막대(Basement membrane zone, Matrix ring)로서 기저대를 이룬다.

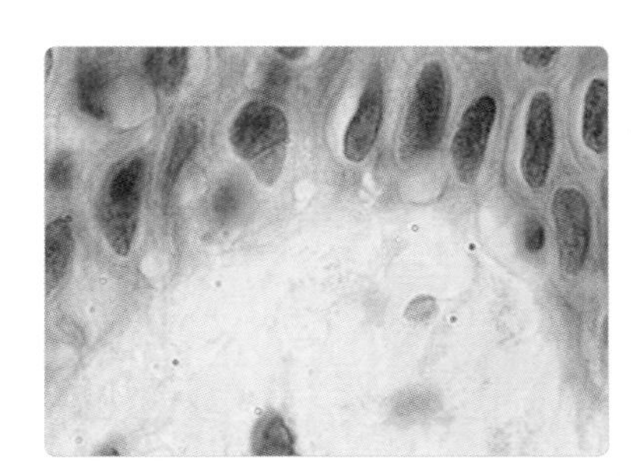
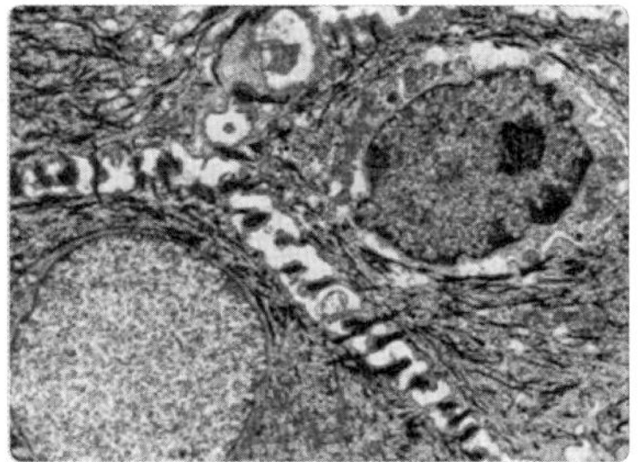

[그림 1-22] 기저 세포

② 유극층(Spinous layer, Prickle layer)

유극층은 가시층, 극세포층이라고도하며 세포 분열을 일으켜 피부 바깥쪽으로 이동하면서 분화하게 된다.

- 5~10층으로 구성된 가시세포 돌기가 세포간교, 즉 교소체(Desmosome)로 연결되어 있다. 유핵세포로서 불규칙한 다각형이며 피부 손상이 심할 경우 세포분열이 일어난다.
- 유극세포 사이에 림프액이 순환하고 있어 노폐물 배출, 피부의 피로 회복에 관여한다.

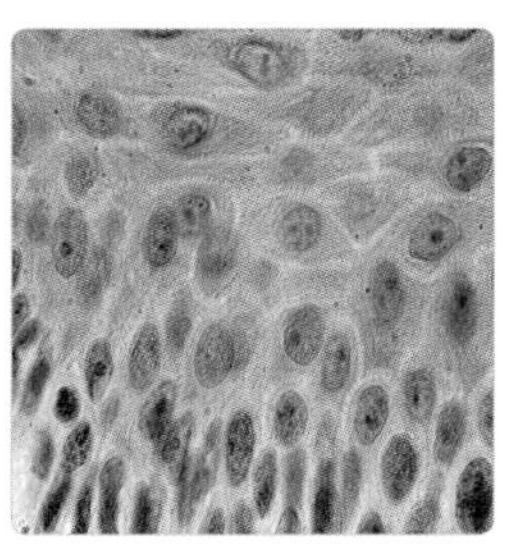

[그림 1-23] 유극층

③ 과립층(Granular layer)

피부트러블 원인 층인 레인방어막(Barrier zone)이 존재하며 각질화 과정이 실제로 시작되는 층이다.

- 과립층은 하부로부터 수분 유실을 저지시켜 주는 미용층으로서 2~3층 무핵 편평 또는 방추형의 다이아몬드형 세포로 구성되어 있다.
- 손 · 발바닥에서 가장 두껍게 분포하는 이 층은 세포질 내에 각질화 초자유리과립(Keratohyaline granules)을 생성한다.

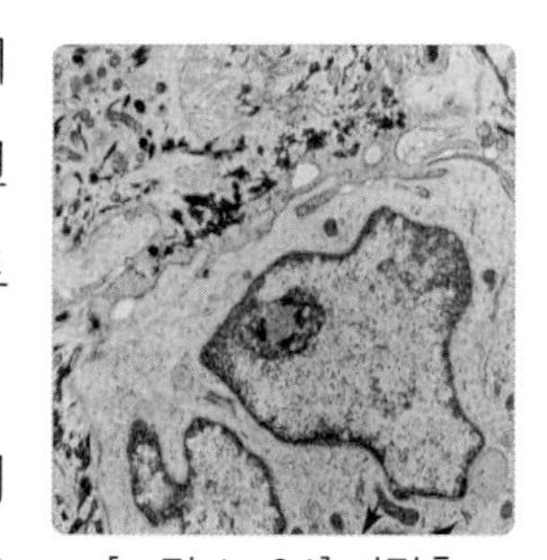

[그림 1-24] 과립층

- 케라틴을 분해함으로써 공기 중의 산소와 결합하여 보습작용(Natural moisture factor, NMF)을 가진다.

④ 각질층(Horny layer, Cornified Layer)

비늘같이 얇고 핵이 없는 편평세포구조의 라멜라층이 치밀하게 결합되어 있다. 두께 10㎛, 10~20층의 편평세포, 케라틴(Keratin 58%), 각질 세포간 지질(Lipid, 11%), 천연보습인자(NMF, 31%)를 가진 각질층의 각화된 세포 사이는 연속적인 지질층이 존재하여 형태상을 구성하고 있다.

- 각질층에서는 하루에 약 0.5~10g씩 각질 세포 (Keratinizing cell)들을 피탈시킴으로써 일부 제거시키기도 한다.
- 각질층 표면은 피지와 땀이 혼합되어 피지막을 형성함으로써 pH 4.5~6.5의 약산성막 상태이다.

[그림 1-25] 각질층

- 각질층은 섬유성 단백질로서 각화과정을 위한 완전한 각질 덩어리층인 각질층에서는 14일이 소요되며 노화된 섬유성 단백질인 각질세포로 피탈(Epilaed) 되는데 14일이 소요된다.

TIP **각화현상**(Keratinization)
각질층은 섬유성 단백질로서 각화과정을 위한 완전한 각질 덩어리 층으로서 기저층에서 각질층까지 세포 분화가 14일이 소요되며, 노화된 섬유성 단백질인 각질세포 피탈(Epilaed)되는데 14일이 소요된다. 따라서 피부각화주기는 28일이라 한다.

알아두기

1. 케라틴(Keratin)
- 각질형성세포의 세포골격(Cytoske leton)을 구성하는 중간섬유(Intermediate filament)이며, 각질형성세포가 분화하는 과정에서 생성되는 특징적인 단백질 성분이다.
- 기저층에서는 각질형성세포의 전체 단백질 무게의 30%를 차지하며 각질층에서는 각질세포 무게의 85% 이상을 차지한다.
- 현재 54종의 케라틴 유전자가 발견되었고 인체에서 단백질 크기에 따라 Type Ⅰ, Type Ⅱ으로 나뉜다.

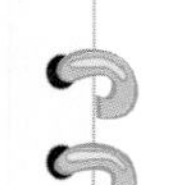

1) 프로필라그린/필라그린(Profilaggrin/ Filaggrin)
- 각질형성세포가 과립층에 이르면 과립소체(Keratohyalin granule)를 합성하며 과립소체 내에 프로필리그린과 Loricrin을 함유하고 있다.
- 프로필라그린은 분자량이 400 이상인 큰 단백질 덩어리이며 탈인산화와 단백분해 과정을 통해 히스티딘이 풍부하고 양성 극성을 띠는 필라그린으로 변환된다.
- 과립층과 각질부 경계부에서 필라그린은 이온 반응으로 케라틴과 결합한다.
- 필라그린은 케라틴을 응집시켜 거대 원섬유를 형성하게 하는 간층물질로서 단백질 구조로 작용한다.
- 필라그린의 반감기는 약 24시간이며 펩타이딜 아르기닌 탈Iminase의 작용으로 필라그린의 아르기닌이 중성인 Citrulline으로 변화되면 필라그린이 양성의 전기적 힘을 잃고 케라틴으로부터 분리된다.
- 케라틴으로부터 분리된 필라그린은 Carboxypeptidase와 Aminopeptidase 등에 의해 Trans urocanic acid, Pyrrolidone carboxylic acid 등의 자유 아미노산으로 분해된다.
  → 이들은, 친수성을 띠고 있다.
    - 물과 결합함으로써 천연보습인자로 적용된다.
    - 각질층의 pH 조절을 한다.

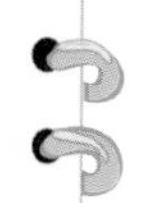

- UV filter로 작용한다.
- 세균에 대한 면역적 방어기능을 가진다.

2) 필라그린 이상에 의한 피부질환

선천성 어린선인 Epidermolytic hyperkeratosis, Lamellar Icthyosos, Icthyosos vulgaris, 아토피 피부염 등이 있다.

2. 피부 장벽을 이루는 단백 성분

- 케라틴은 각질세포 구성분 중 80~90%를 차지한다.
- 프로필라그린 또는 필라그린은 과립층 이후에 케라틴 간의 응집에 관여한다.
- Cornified cell envelope(CE)를 구성하는 전구단백 Involucrin, Envoplakin, Desmoplakim, Lorikrin, Keratolinin, Small prolin-rich protein(SPRs), Cystein - rich protein, Cystatin α
- 각질 교소체를 구성하는 Cadherin족 단백과 Desmoplakin, Plakoglobin 등이다.

2 진피(Dermis)

진피는 실질적인 피부로서 망상층과 유두층으로 구분되며 두개피부에 영양을 공급하여 두개피부를 지지하고 강인성에 의해 외부 손상으로부터 몸을 보호한다. 피부의 90%를 차지하는 탄력 유지층인 진피는 중배엽에서 기원한 결체조직이다. 이는 신경, 혈관 표피에서 기원한 표피부속기를 포함하고 있다. 진피와 표피가 만나는 면은 표피가 들어가고 나온 모양에 따라 진피도 들어가고 나와 있다.

진피층의 역할 TIP

수분저장 능력과 체온조절 기능이 있으며, 감각에 대한 수용체 역할을 하고 있다.
또한 두개 표피와의 상호작용에 의해 두개피부를 재생하는 기능이 있다.

진피는 피부조직을 팽팽하게 유지시키는 결합조직을 구성하는 섬유로서 어느 부위에나 다 있지만 대부분 진피에 존재한다.

1) 두개피 진피층

진피층의 구조 TIP

표피가 진피 속으로 들어간 구조를 표피능선이라 하며, 진피가 표피 속으로 들어간 구조를 유두진피라 한다. 그 이하 진피의 대부분을 차지하는 망상진피로 구성된다.

진피의 섬유성 결체조직은 교원섬유, 탄력섬유, 특별한 형체가 없는 기질로 구성된다. 이들 대부분은 섬유모세포에서 만들어진다.

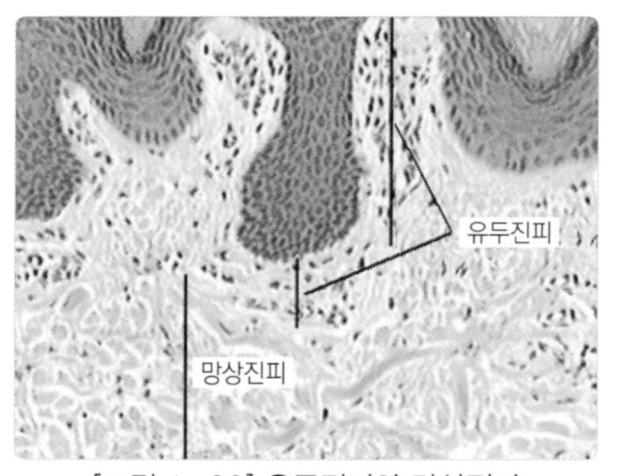

[그림 1-26] 유두진피와 망상진피

① 유두진피(Papillary layer)

유두 내에는 신경종말인 신경유두와 혈관으로서 혈관유두가 분포되어 있다. 유두층 맨 위쪽은 이랑과 유두 모양의 돌기 형태로서 망상 그물층에 비해 치밀하지 않으며 세포 성분이 비교적 많다.

- 섬세한 아교섬유로서 탄력섬유와 그물섬유들이 섞여 있어 피부 상태를 회복시키고 피부결을 만드는 기능이 있다.
- 진피의 위층으로 표피와 진피를 이어주며 표피에 영양공급과 체온 조절을 담당한다.
- 수분을 다량으로 함유하여 피부팽창 및 탄력을 좌우하며 촉각과 통각을 느낀다.

② 망상진피(Reticular layer)

망상층 내 결합조직은 주로 탄력섬유가 많으며 섬유다발들은 대체로 표면에 평형하게 배열된 랑거당김선(Langer's tension line)을 가진다.

- 망상진피는 그물 모양의 콜라젠과 엘라스틴으로 이루어져 있다.
- 피부 탄력성과 피부 반사작용에 관여하며 압각, 냉각, 온각을 느낀다.
- 표피보다 15~40배 두꺼우며 굵고 치밀한 교원아교섬유 다발들이 결합되어 서로 엉켜 배열되어 있다.

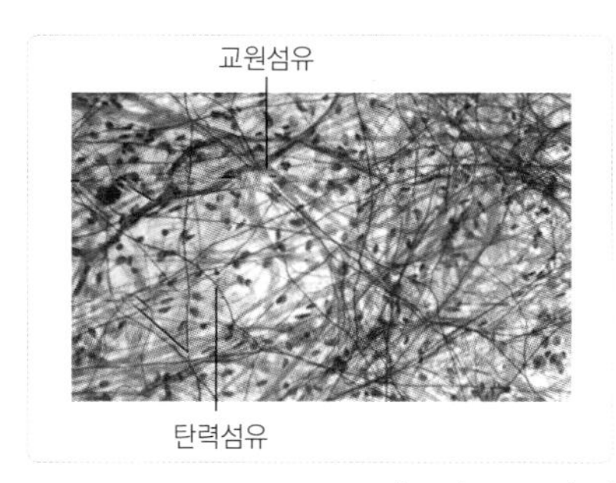

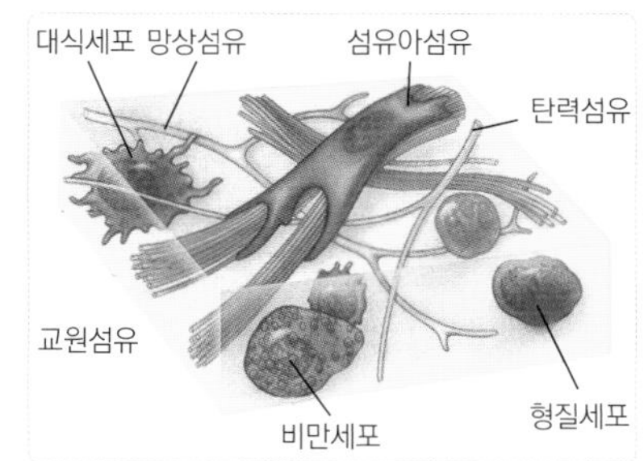

[그림 1-27] 진피 구성 섬유

③ 세포 간 물질(Ground substance)

반액체로서 모양이 없는 물질이 진피 내 모든 세포와 섬유 사이에 존재한다.

피부 압박에 대한 저항력을 주며 탄성이 갖는 성질로 인해 피부가 손상을 입은 후에라도 섬유조직 내에서 회복을 돕는다.

2) 두개진피층의 기능

수분 저장, 체온 조절, 감각수용체, 피부재생기능 등이 있다.

3) 두개진피의 종류

① 표피능선

표피가 진피 속으로 들어간 구조이다.

② 유두진피

진피가 표피 속으로 들어간 구조이다.

③ 망상진피

표피능선, 유두진피 외 피하지방층까지 대부분의 진피층이다.

3 피하조직(Hypodermis)

콜라겐 섬유와 탄력섬유가 성긴 망상구조를 이루는 결합조직과 그 사이를 채우는 지방세포(Fat cell)로 구성되어 있다.

지방세포의 집단인 지방층(Panniculus adiposus)을 만들어 피하조직을 이룬다.

Adipose TIP
Adipose = Fatty(지방성)
카로틴(Caratene)
(VTA의 전구물질인 탄화수소)

1) 기능

중배엽 발생 층으로서 지방조직은 바깥쪽 피부를 보호하는 완충역할과 동시에 동맥, 림프관 조직의 순환작용이 이루어진다.

- 생체의 에너지로써 활용되는 에너지를 저장한다.
- 비타민 D를 합성하는 지방을 함유하고 있다.
- 기계적 충격을 흡수하며 물리적 충격을 방지한다.
- 열을 차단하며, 외부온도 변화로부터 신체를 보호하는 기능이 있다.

2) 피하조직량

진피와 근육, 뼈 사이에 위치한 피하조직은 결체조직 끈의 형태로서 각기 개별적이고 부분적으로 이루어져 있다.

① 성별, 나이, 부위 등에 따라 조직분포량은 다르다.

② 남성보다는 여성, 성인보다는 어린이에게서 더욱 발달된다.

모발 발생학

두개피 부속기관

두개피는 표피부속기와 표피연결 진피부속기, 진피부속기 등으로 대별된다. 표피부속기는 두개피부와 모낭으로서 두개피부는 기저대를 중심으로 모낭은 표피내 배아층인 외모근초와 각질세포인 내모근초로 나누어진다.

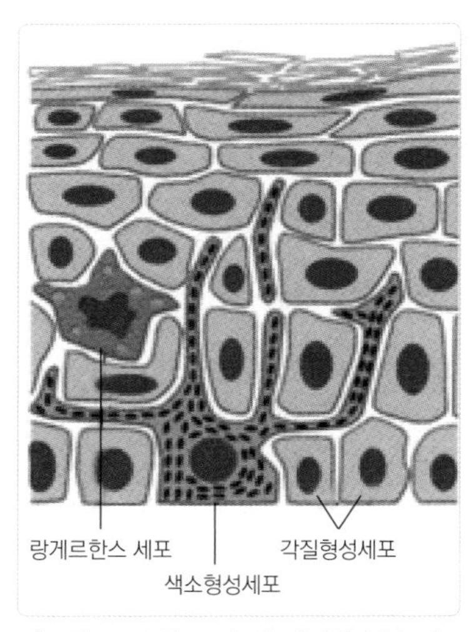

[그림 1-28] 표피 내 배아층 부속기

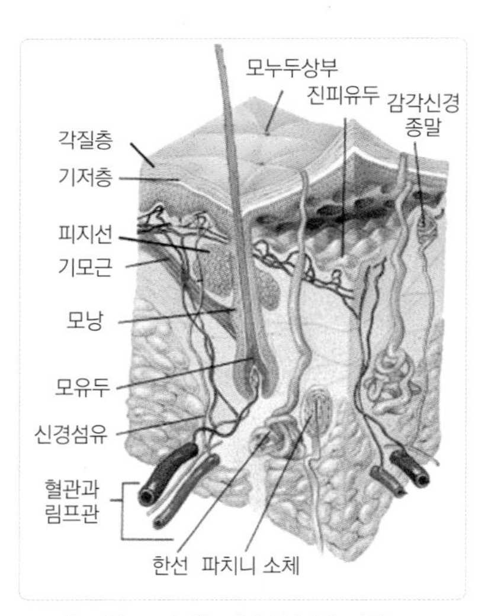

[그림 1-29] 피부의 부속기관

1 표피부속기(Epidermis appendage)

발생학적으로 표피는 하향 발육하여 발생함으로써 외배엽 조직을 가진다. 기저층의 세포 분열에 의해 새로운 상피세포로 대체시키며 각화현상을 주도하는 표피의 배아층으로써 각질형성세포, 색소형성세포, 랑게르한스세포, 머켈세포 등이 존재한다.

표피부속기는 재 상피화(Reepithelization)의 역할을 담당함으로 안면(Face), 두개피부 등 표피부속기가 풍부한 곳이 그렇지 못한 곳보다 상처 치유를 빠르게 한다.

1) 기저막대

① 미세구조상 몇 개의 구성 성분으로 이루어진다.

- 원형질막 밑의 기저판이다.
- 투명판 밑의 기저판이다.

② 기저판과 연결되는 섬유성분이다.

- 고정원섬유
- 미세원섬유
- 제Ⅲ형 교원섬유

③ 기저세포 원형질막과 기저판을 연결하는 고정세섬유이다.

④ 기저세포의 원형질막과 특수한 접촉판인 반교소체를 구성한다.

2) 각질형성세포(Keratinocyte)

각질층은 과거 그 중요성이 간과되었다. 최근 여러 연구를 통해 물리 · 화학적 손상을 잘 견디어 낼 수 있는 매우 강한 조직으로서 피부 장벽의 핵심적인 조직임을 Elias 등은 "Bricks and mortar model"을 통해 각질층의 두 구획 체계를 제시하였다.

표피 대부분(80% 이상)을 차지하는 중층편평상피세포인 각질층은 각질형성세포의 활발한 세포분열과 분화를 거쳐 형성된다.

각질층 TIP

① 각질층은 3가지 세포로 구성되어 있다.

- 각질세포(Corneocyte) 불용성으로서 각질형성세포의 최종 분화산물로서 단단하다.
- 각질세포 간 접착제
- 각질세포 간 지질막

② 유극층 상부와 과립층에서 각질교소체가 발현되어 층판소체에 저장된 후 각질층에서 세포 밖으로 분비되어 각질세포와 각질세포를 연결한다.

③ 각질층과 과립층 경계부에서 각질형성세포의 층판소체에 함유되어 있던 지질이 각질세포 사이로 분비되어 각질세포 간 지질막으로 형성한다.

① 각질형성 세포의 구조

㉠ 상표피(Bricks)

표피에 구조적 안정성과 탄력성을 제공한다.

각질세포막과 케라틴 거대원섬유(Macro-fibril)로 구성된다.

㉡ 세포간물질(Mortar)

체내 수분이 외부로 빠져나가는 것을 막고 외부환경으로부터 유해 물질이 침투하는 것을 막으며 구성물질은 세라마이드(47%), 콜레스테롤(24%), 자유지방산(11%), 콜레스테롤 에스터(18%) 등이다.

② 역할

각질층 내 지질의 양적 분포나 지질의 구성성분이 변화되면 피부 표면의 보습, 수분손실, 경피흡수 등과 관련된 생리적 활성에 영향을 미친다.

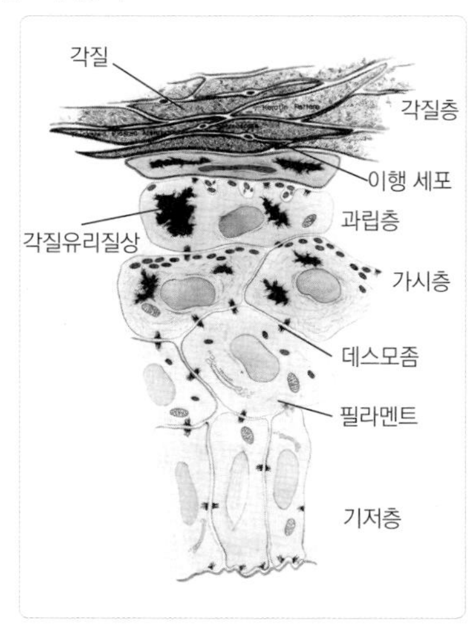

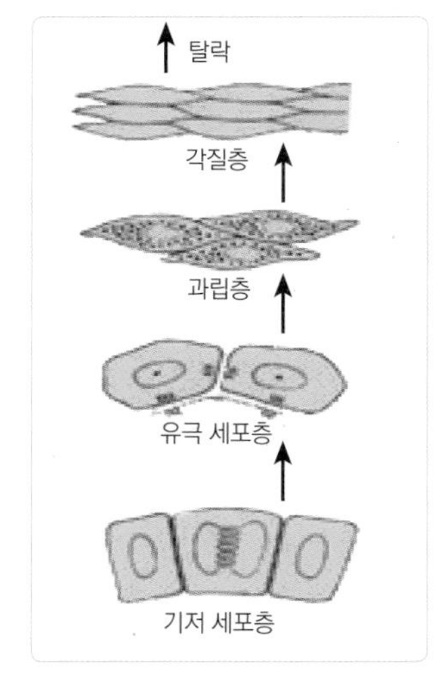

[그림 1-30] 각질 세포의 각화 현상

3) 색소형성세포(Melanocyte)

피부세포의 약 5~10%로서 멜라닌(유 · 페오) 색소를 생성한다. 하나의 조직인 멜라닌 형성세포는 수지상 돌기를 통해 약 36개의 멜라닌 소체를 생산하여 주위의 각질형성세포에 멜라닌 과립을 전달(Melano protein)한다.

- 표피 멜라닌 단위(Epidermal melanin unit)는 멜라닌 소체와 각질형성세포군의 기능적 단위이다.
- 멜라닌 형성세포 수는 출생 시 가장 많으나 매 성장 10년마다 6~8%씩 감소된다.

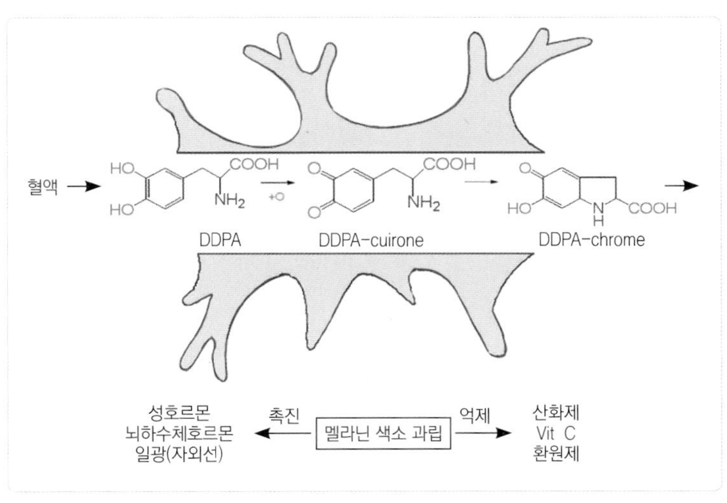

[그림 1-31] 피부의 멜라닌 생성 과정

TIP

각질층(각회 탈락)
↑
유극 세포(-SH)
↑
기저세포
↑
멜라닌
↓
담염세포(백혈구)
↓
혈액, 림프
↓
뇨로 배출
(자가표백작용)

4) 인지세포(Merkel cell)

신경자극을 뇌에 전달하는 촉각수용체인 인지세포는 촉각을 담당하는 일종의 신경수용기(Nerve receptor)로서 팽대된 신경종말과 맞닿아 신경자극을 뇌에 전달한다,

피부 및 점막에서 물체에 대해 접촉을 느끼는 것으로서 압각과는 구별이 쉽지 않은 촉각수용체이다. 표피의 기저층 손·발바닥 등에 분포되어 있다.

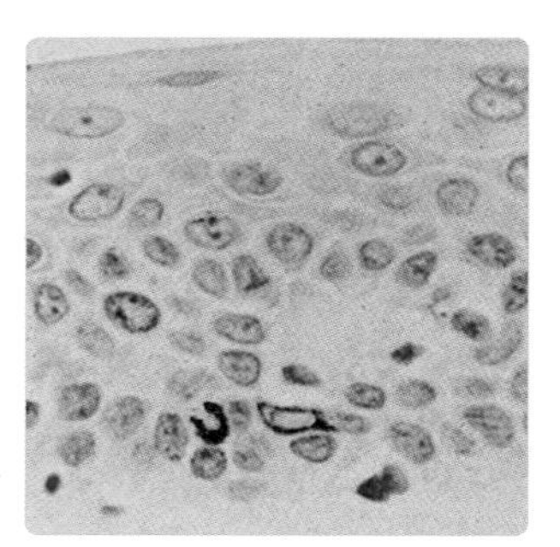

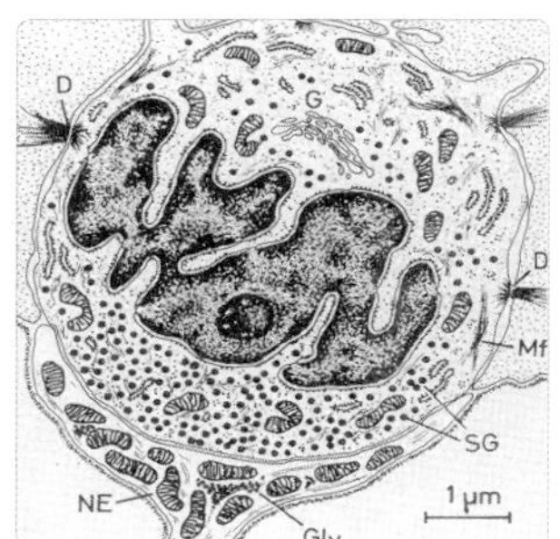

[그림 1-32] 인지 세포

5) 랑게르한스세포(Langerhans cell)

수지상돌기 세포로서 탐식 기능과 면역에 관련된 기능을 한다. 이 세포는 중배엽 골수(흉골)에서 기원된 세포로서 피부 기저층 직상에서 표피 전 층에 걸쳐 산재하며 탐식 기능을 가진다.

랑게르한스세포에 의해 항원을 제시받으면 T림프구는 활성화되어 피부 내에서 국소적 면역반응을 일으킨다.

① 랑게르한스세포 역할

- 골수에서 만들어지며 표피 유두층에서 피부 면역기능에 관여하며 분포량 400~1,000개/㎟ 정도이다.
- 외부의 이물질 침입에 신체 방어 반응을 인지 및 중계한다.
- 피부면역 반응인 사이토카인 생성 및 분비에 의한 면역, 염증 반응과 외부의 항원을 림프구로 전달한다.

2 표피층 연결 진피부속기(Epidermis Connection Dermis Appendage)

> 기저막대는 표피와 진피 경계부로서 부착, 지지, 투과성 조절, 태생 분화의 기능이 있다.

표피부속기와 진피부속기, 주변 진피까지 연결되는 이 기관은 모피지선 단위(Pilosebaceous unit, Psu), 한선 단위 등으로 구성된다.

1) 한선(Sweat glands)

> 표피가 함몰함으로써 발생된 한선은 체온을 조절하고 노폐물을 배설한다.

한선은 대부분이 샘분비선(Eccrine or merocrine gland)이며 단순 나선관상선(Simple coiled tubular gland)으로서 분비부와 분비관으로 구성되어 있다. 특히 두개피부는 소한선만 존재한다.

① 소한선(Eccrine gland)

분비선은 진피 및 피하지방층 경계부 또는 진피의 아래쪽 1/3에 존재하며 피하지방층과 연결되는 지방조직에 둘러싸여 있다.

소한선 분비	특징
분포	피부 전신에 분포하며 겨드랑이 및 이마, 손, 발바닥 등에 가장 많이 존재한다.
분비 기능	• 저장액(Hypotonic solution)을 생산 몸 표면에서 증발시켜 체온 조절을 한다. • 손 · 발바닥, 겨드랑이 등의 소한선은 열자극 이외에 정서적 자극에 반응한다. • 체온 상승과 관련된 소한선 분비는 콜린성 자극에 의한다.

② 대한선(Apoccrine gland)

이 선의 분비는 주로 아드레날린성 자극의 결과로서 혈관 평활근의 알파수용체를 자극함으로써 혈관을 수축시킨다.

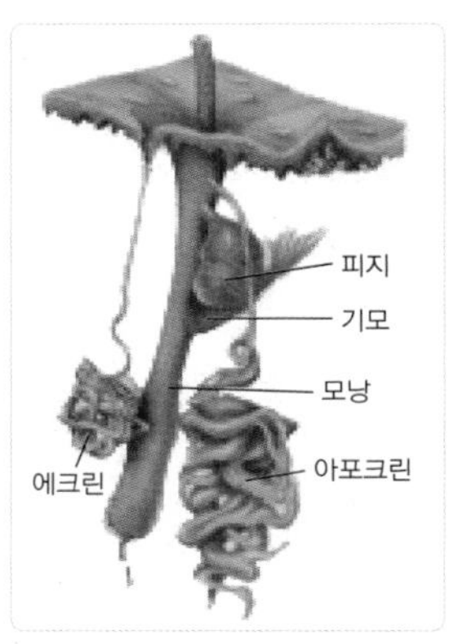

[그림 1-33] 한선과 피지선

대한선 분비		특징
분포	분비부	겨드랑이, 외이도, 눈꺼풀, 유방에 존재하며 분비부는 진피 내 한관, 표피 내 한관으로 구성되어 있다. 이들의 분비부는 고리 모양으로서 진피의 심부 또는 피하조직에 위치하고 있다.
	분비관	나선상의 경로를 통해 피부표면으로 열린다.
분비 기능		동물에서는 방어 및 성적(性的) 역할이 있으나 사람에게는 확실하지 않다.
발생 및 발달		사춘기가 되어서야 비로소 분비부가 발달하여 냄새를 내는 기능을 한다. 분비물은 젖과 유사하여 끈적이고 분비 당시에는 냄새가 없으나 피부표면에서 세균에 의해 분해되어 특징적인 냄새가 난다.

2) **피지선**(Sebaceous gland)

외배엽에서 기원하며 모낭의 상피벽에서 발생한 피지선은 모낭 상부(모누두상부 아래)에 매달려 있어 내모근초가 끝나는 부위에서 모공 쪽으로 열려 있어 피지(Sebum)를 분비한다.

① 발생 및 발달

피지선의 발달과 생성에서 출생 시 잘 발달된 피지선은 곧 쇠퇴하며 작은 크기로 존재한다. 이후 8~10세 경 다시 발달 되며 남성 호르몬(Andro genic steroid)의 영향을 받는다.

② 피지선 구조

피지선은 지질을 생산하는 구조로서 대부분 모낭과 연관되어 발생한다.

㉠ 복합포상선(Compund alveolar gland)

하나의 모낭에 여러 개 포상선으로 구성되어 지방(Fat)을 합성하며 피지선 내 샘포세포의 세포질은 지방으로 가득 차 있다.

㉡ 온분비샘(Holocrine gland)

핵이 소실되어 죽은 피지선 세포는 떨어져 나가 분비관을 통해 피지로 분비된다. 이때 세포 전체가 탈락 된다. 즉, 탈락된 분비물은 모누두상부를 통하여 피부 표면 밖으로 배출된다.

③ 피지의 생리기능

확실하게 밝혀지지는 않았지만 땀과 함께 피지는 pH4.5~5.5 피부의 약산성 보호막으로서 살균, 소독, 보습, 중화, 윤기 등을 형성한다. 1일 평균 1~2g 정도 분비하며 세정 후 피지분비 정도는 1시간 후 20%, 2시간 후 40%, 3시간 후 50% 정도 분비된다.

④ 피지선의 분포

손·발바닥을 제외한 전신에 분포하며 얼굴과 두개피에 가장 많이 존재한다. 이는 남성 호르몬, 황체 호르몬, 식생활, 계절, 연령, 환경, 운동 등에 따라 분비량은 달라진다.

⑤ 피지분비의 영향

신경계와는 무관한 자율신경계 영향으로써 성호르몬의 영향을 받는다.

3) 모낭(Hair follicle)

모낭은 표피층 함몰로 생긴 근초(Root sheath)로서 표피의 속 층은 모근 상피집(Epithelial root sheath)인 상피근초와 진피의 연속인 바깥층은 모근 진피집(Dermal root sheath)으로 구성된다. 근초 주위의 협부에 피지선, 기모근과 함께 모낭을 둘러싸는 신경종말인 두개피 감각체가 있다.

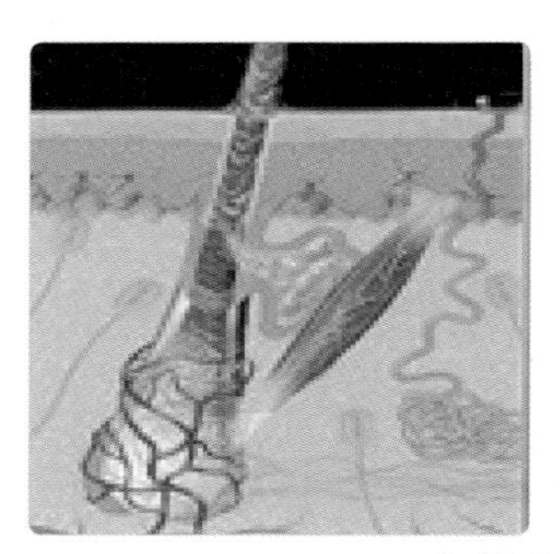
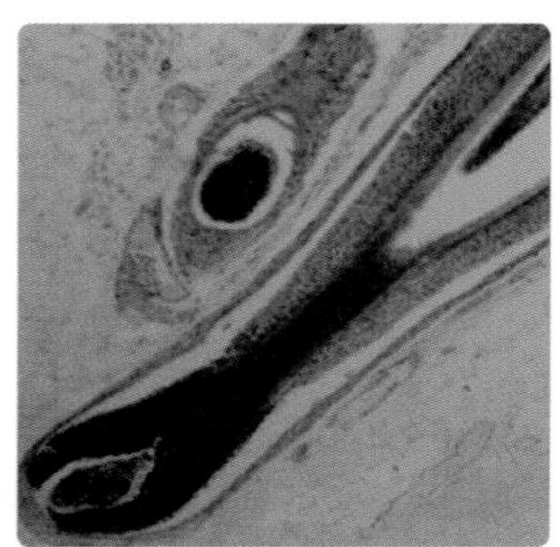

[그림 1-34] 모낭

① 모낭 발생

정확한 기전은 밝혀져 있지 않으나 모낭 발생은 표피의 각질형성세포와 진피의 특수한 섬유가 세포 간에 일어나는 유전자와 단백질 간 복잡한 상호작용에 의해 형성된다.

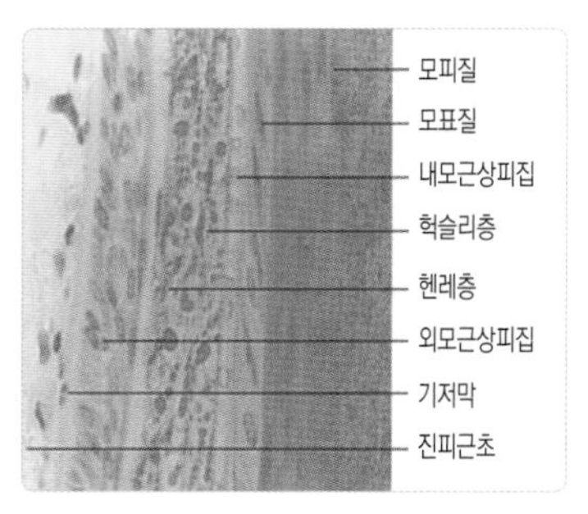

[그림 1-35] 상피근초

㉠ 태생기 9주

눈썹, 윗입술, 턱에서 모낭의 발생이 시작된다.

㉡ 태생기 16주

신체 부위에 발생된다.

㉢ 태생기 22주

신체 내 모든 부위에 모낭이 발생된다.

② 모낭구조

모낭세포는 결합조직집인 내모근초와 외모근초가 있으며 유리막인 내돌림층과 외세로층으로 구성되어 있다.

㉠ 상피근초(Epithelial root sheath)

내측 모발주머니로서 표피상피의 각질층과 연속되는 층으로서 피지선이 열리는 부분 아래쪽에 위치한다.

ⓐ 내모근초(Inner root sheath)

모발 가장 바깥층인 모표피 외층인 모표피집(Sheath cuticle)과 내모근초의 헉슬리층(Huxley's layer, HU), 헨레층(Henle's layer, HE)으로 연결되어 있다.

ⓑ 외모근초(Outer root sheath)

여러 층의 다각형 세포로 구성되어 있다.

표피와 연속된 가장 안쪽인 기저, 가시, 과립층은 외모근초, 헨레층, 헉슬리층과 이어지는 세포로 구성된다.

㉡ 진피근초

결합조직집(Connective tissue sheath)이라고도 하며 유리막과 내돌림층, 외세로층으로 되어있다.

ⓐ 유리막(Glassy membrane)

유리막 안쪽의 상피근초는 안쪽 내모근초와 바깥쪽 외모근초로 구성되어 있다.

표피의 기저막으로서 상피근초와의 경계에 있는 균일하게 관찰되는 막이다.

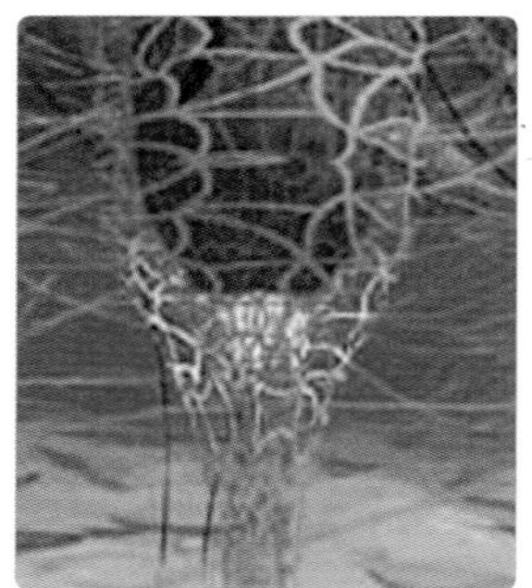
[그림 1-36 내돌림층과 외세로층

ⓑ 내돌림층(Inner circular layer)

유리막 바깥쪽에 상피근초를 둘러싸고 있는 내돌림층은 아교섬유의 주행 방향이 가로 방향으로 둥글게 배열되어 있다.

ⓒ 외세로층(Outer logitudinal layer)

아교섬유가 세로로 배열된 외세로층은 주위 진피로 이행된다.

4) 모기질 상피세포(Germinal matrix cell)

인근 모유두에서 파라크린 호르몬의 영향을 받아 이웃하는 세포에 신호전달과 동시에 세포분열을 조정함으로써 모주기를 인식시킨다.

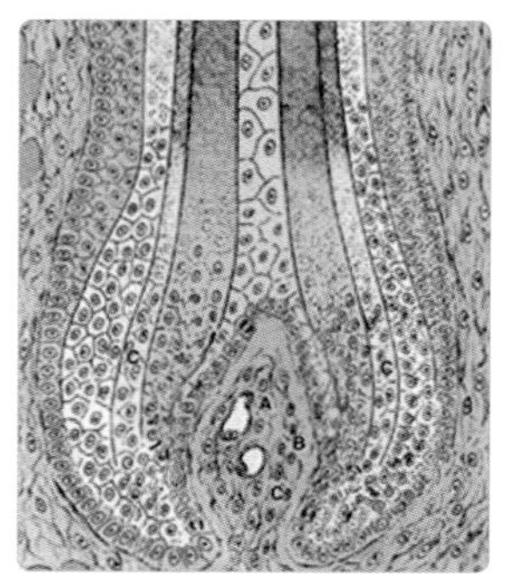
[그림 1-37] 모기질 상피 세포

① 파라크린(Paracrine)

모기질의 신경전달 물질이며 세포외액으로 확산됨으로써 모유두 주변의 모기질 세포와 외모근초세포 등 상피계 세포분열을 조절시키는 화학물질이다.

5) 모발섬유(Hair fiber)

피부에 존재하는 모발은 포유동물만의 전유물이다. 이는 두개골 보호와 미용의 기능을 둘 다 가짐과 동시에 포유류로서의 인간 특수성을 나타낸다.

① 모발세포

피부표면으로 나온 모발섬유는 단단하게 각질화된 상피세포로 이루어진 고형의 원추섬유이다.

② 모발 종류

종류	특징
취모 (Lanugo hair)	태아의 피부에 덮인 섬세하고 부드러운 엷은 색의 모발 형태이다.
연모 (Lanugo hair)	유아에서 성인까지 신체 대부분을 덮고 있는 모수질이 드러나지 않는 섬세한 모발 형태이다.
경모 (Terminal hair)	두발 및 수염, 눈썹, 액와모, 음모 등 모수질이 있는 굵은 모발 직경을 가진다.
세모 (Vellus hair)	경모가 탈모(Alopecia) 되는 과정이거나 노화에 의해 가늘어진 연모화 모발이다.

알아두기

毛(Hair) : 포유류 특유의 부속기관이다.

① 표피유래 : 표피상피가 안으로 함입되어 형성된 각질화된 구조이다.

② 발생시기 : 태아 9~12주에 발생한다.
신생아 수 cm로 자란다.
뱃속에서 털갈이를 1회 한 후 배냇모발 상태로 탄생한다.

③ 기능 : 체표면의 보호(한냉, 마찰방지)한다. 감각을 전달하는 지각신경에 분포한다. 2차 성장에 관여한다. 장식의 역할을 한다. 눈썹, 코털, 속눈썹 등의 이물질의 침입을 방지한다. 신체 내 중금속과 친화력을 통해 배출하는 기능을 한다.

④ 털의 분포가 없는 곳

손바닥(Palms), 발바닥(Soles), 입술(Lip), 음경귀두(Glans penis), 소음순(Rabia minora), 음핵(Clitoris) 등

3 진피부속기(Dermis appendage)

피부의 심부에 위치하는 결합조직층인 진피는 진피유두로 구성된 유두층과 망상층으로 나누어지며 기모근, 모유두와 혈관, 신경, 피부감각기가 부속되어 있다.

1) 모유두(Hair papilla)

모유두는 둥근핵과 잘 보이지 않는 압축된 공처럼 생긴 세포 다발로서 모세혈관이 엉켜있다. 모기질(Hair matrix)을 매개로 하여 모발을 성장시키는 영양분과 산소를 운반하고 있다. 특히 세포 간 전달물질을 가진 모유두의 장점에서는 모수질 세포가 분열하고 모유두 주변은 모피질 세포가 모유두 가장 아래 외측에는 모표피 세포가 분열되는 모자이크 패턴을 가진다.

모유두의 형태는 모주기 과정에서의 변화와 함께 모발 굵기를 좌우한다.

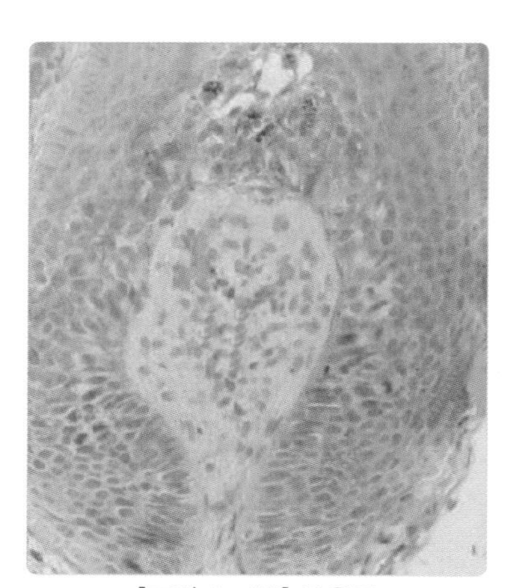

[그림 1-38] 모유두

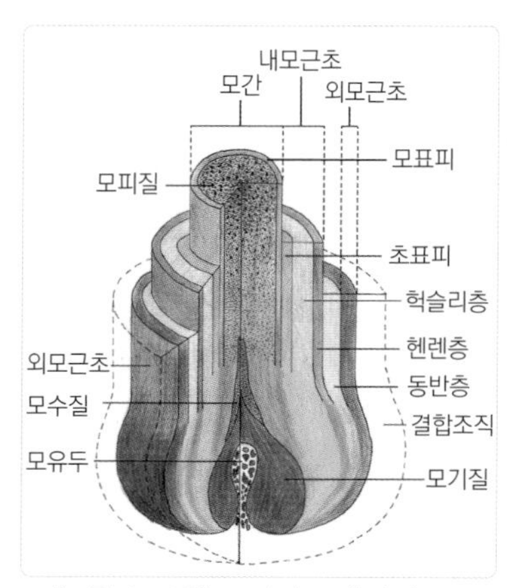

[그림 1-39] 모자이크 패턴의 HF

2) 기모근(Arrector pili muscle)

기모근은 불수의 평활근으로 비스듬히 위치하는 모낭과 진피 유두층 사이에 걸쳐 있다.

기모근이 수축하면 모발이 바로 서고 또한 피지선을 압박하여 피지를 방출시킨다. 이에 대한 역할은 정확히 밝혀지지는 않았지만 상피 줄기세포의 저장고로 알려졌다.

3) 혈관(Blood vessel)

진피의 혈관은 유두진피와 망상진피의 경계부에 위치하는 표재성 혈관총, 망상진피의 하부에 존재하는 심부 혈관총 그리고 이들을 연결하는 연락 혈관으로 구성된다. 혈관총은 세동맥과 세정맥으로 이루어진다.

두개피부 표면과 평행한 연락 혈관은 피하지방에 위치한 동맥에서 기원하며 정맥으로 돌아가며 피부표면과 수직으로 배열되어 있다.

4) 신경(Nerve)

두개피부의 지각 수용체는 형태학적으로 특별한 구조를 나타내지 않는 특수 신경 말단기와 신경 말단에 독특한 구조를 가지는 특수한 수용체 그룹이 있다.

두개피부에는 지각신경과 자율운동 신경으로서 기모근, 소한선 및 대한선, 혈관에 분포하는 무수교감신경 등이 있다.

① 지각신경

통증, 소양감, 온도감각, 촉각, 압각, 진동감각을 매개로 하는 지각

신경은 다음과 같다.

- 특수신경 말단기
- 점막피부 말단기 : 섬세한 촉각전달을 매개로 한다.
- 마니스너 촉각소체 : 촉각을 전달한다.
- 파터-파치니 압각소체 : 압각을 전달한다.

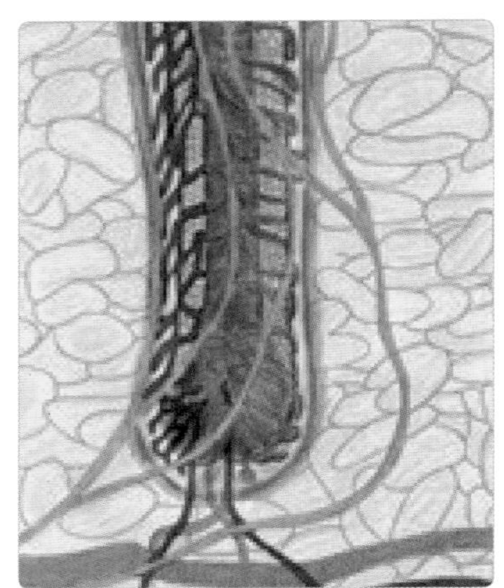

[그림 1-40] 모세관 연결망

② 무수교감신경

- 기모근 : 아드레날린성 신경 지배를 받는다.
- 대 · 소한선 : 아드레날린성 신경과 콜린성 신경의 지배를 받는다.

③ 자율운동신경

피부의 혈관 운동, 모발 섬유의 배향성(Outravel), 운동, 땀 분비 등을 조절하는 기능을 한다.

MeMo

요약

1. 단세포인 수정란은 세포 분열을 통해 분할함으로써 다세포 구조로서 초기 배아를 형성한다. 성장이 필요치 않은 초기 배아 분할은 속이 빈 공 모양으로 배열된 수정란이 포배를 구성한다. 간단한 구조인 포배는 세포 활성에 의해 발생과정 동안 나타나는 모든 종류인 모양을 만들어 낸다. 동물의 형태가 나타나기 시작하는 낭배형성기에는 신체 설계도인 윤곽이 다양하게 구성되며, 신경형성기는 배아의 주된 형태 변화를 초래한다.

2. 여러 뼈에 의해 형성된 골격 부분인 두개골(Skull)은 성인의 반구형부를 뇌두개, 앞쪽 아랫부분의 복잡한 부분을 안면 두개라하며 이들의 크기에 비례하여 얼굴 모양을 형성시킨다. 신경계통과 같이 외배엽(Ectoderm)에서 발생되는 두개피부는 태아 2개월경 태아표피가 생성되며 표피의 기저층에서 증식된 중간층과 함께 태아 4개월 말경 두꺼운 표피를 이루는 배아층, 다각형의 두꺼운 세포질 속에 미세한 장원섬유가 많은 가시층, 각화 초자과립을 함유한 과립층, 세포질 속에 각질을 형성하는 각질층으로 4개의 층이 구별된다. 태아 3~4개월 신경능에서 유래한 세포들은 표피 속으로 침투해 들어와 멜라닌 세포를 형성하며, 벽측 중배엽에서 유래한 진피는 불규칙한 유두상피의 진피유두를 형성한다. 이를 유두는 표피 쪽으로 돌출하며 가늘은 모세혈관과 지각 신경의 종말기 등을 포함한다.

3. 두개피부 발생과 같이 증식하면서 진피로 함입 침투해 들어가는 모아는 4단계의 발생과정을 통해 모낭이 형성된다. 발생 중의 모낭 주변에 있는 세포는 입방형이 되어 상피근초인 내모근초를 형성한다. 간엽조직으로 형성되는 진피근초인 외모근초는 상피근초를 에워싸고 간엽조직에서 유래된 작은 기모근을 진피근초에 부착시킨다. 모낭의 상피성 벽에 있는 주변의 작은 돌출부(Out Budding)는 모항기 시 중배엽으로부터 침투해 들어가 피지선으로 분화된다. 모낭의 기저부에 있는 상피세포가 연속적으로 증식하면서 태아 4개월경 위로 밀어 올리면서 두발을 발생시킨다.

4. 태모로서 4~5개월 경에 전신에 발모 되며, 8개월 경 모태 내에서 취모로써 탈락되고 출생 시 좀 더 굵은 모발인 배냇머리로 대치되어 신생아로 탄생된 후 신생아 4~5개월 후 경모로서 모주기를 달리한 후 사춘기, 성인기를 거치면서 두발은 남·녀의 성모로서뿐 아니라 변화하는 시대적 욕구와 미적인 관심의 증진을 보완해 주고 있다.

5. 두개피부는 표피, 진피, 피하지방층으로 조직되어 있으며, 두개피는 표피부속기로서 기저막대 각질형성, 색소형성, 인지세포, 랑게르한스세포를 포함하며 표피층 연결 진피부속기는 한선, 대한선, 피지선, 모낭, 모기질 상피세포, 모발 섬유를 포함한다. 두개피부의 심부에 위치하여 결합하는 진피는 진피유두로 구성된 유두층과 망상층으로 나누어지며 기모근, 모유두와 혈관, 신경, 피부 감각기 등이 진피부속기로 부속되어 있다.

연습 및 탐구문제

1. 두개피부 및 모아 발생을 세포의 수준에서 설명하시오.
2. 두개피 조직에서 두개골 구조를 구분하여 설명하시오.
3. 두개피부 분화와 모낭세포 분화에 대해 비교하여 논하시오,
4. 두개피부를 구성하는 조직을 구분하여 설명하시오.
5. 두개피 부속기관을 표피·표피층 연결 진피, 진피부속기로 영역 간 부속기관과 특징을 구분하여 설명하시오.

참고문헌

1. 모발관리학, 류은주 외 4, 청구문화사, 1995, pp 1~9
2. 모발학, 류은주 외 4, 광문각, 2002, pp 1~18
3. 모발 및 두피관리 방법론, 류은주 외 1, 이화, 2003, pp 43~51, 95~112, 146~158, 180~183
4. 모발미용학개론, 류은주 외 1, 이화, 2004, pp 1~28
5. 모발생물학, 은희철 외, 서울대학교출판부, 2004, pp 1~28
6. 인체모발 발생학, 류은주 외 2, 이화, 2005, pp 1~87
7. 인체모발 생리학, 류은주 외 1, 이화, 2005 pp 1~130
8. 두개피 육모 관리학, 한국모발학회, 이화, 2006, pp 19~52
9. 두개피 미용교과교육론, 류은주 외 2, 다모, 2011, pp 5~23
10. TRICHOLOGY, 류은주 외 2, 트리콜로지, 2008, pp 12~26
11. 모발미용학의 이해, 류은주 외 4, 신아사, 2009, pp 25~56
12. 고등학교 헤어미용, 류은주 외 4, 서울특별시교육청, 2010, pp 37~38

2장

모발생리학

1. 모구부

2. 모발섬유의 성장

3. 모발과 호르몬

생리 기원이 세포의 행동변화에 있듯이 생물체는 외부자극을 받아들이고 그에 대해 반응함으로써 생태(生態)를 일정하게 유지하려는 항상성(Homeostasis)을 가진다. 이러할 때 모발의 생성조건이 모구부 내 모유두, 모세혈관, 자율신경, 단백질 합성효소 등의 정상기능에 있다.
끊임없는 성장에는 유전정보를 담고 있는 모유두의 역할이 매우 중요시되고 있다. 모발은 모근과 모간 부분으로서 모근은 피부가 함몰된 피부 주머니인 모낭 내에 구성되어 있다. 모낭은 기모근이 부착된 부위와 피지선 관이 있는 입구를 경계로 하며 하부(Interior Segment), 협부(Isthmus), 모누두상부(Folliculaf Infundibulum) 등 세 부분으로 구성된다.

개요

모발의 내모근초(소)와 연결된 모발섬유는 성장하며 표면에는 비늘 구조로 되어 있다. 모낭으로부터 완전한 헤어(Undamaged hair)가 나오면서 모발섬유의 표면은 매우 얇은 막에 의해 덮이는데 이를 에피큐티클이라 하며, 각각의 비늘 세포에 있는 에피큐티클 아래는 엑소큐티클(A층)이 있다. 이는 모표피 구조의 2/3에 해당하는 시스틴 성분이 풍부한 화합물이다. 엑소큐티클 바로 밑 각 비늘 안에는 세포질 복합체(Cellmembrance complex)의 얇은 층에 의해 따라오는 엔도큐티클이 있다.

모피질은 모발섬유 방향에 평행한 단면상 모피질세포(Cortical cells)로써 긴 획일적 섬유(Filament)를 구성한다. 이 장에서는 모발 섬유 발생과 성장을 조장하는 모구부와 모주기, 성장 속도에서의 유지 또는 퇴화 등에 영향을 주는 호르몬계에 대해 살펴본다.

첫째, 모발은 모근과 모간으로 나뉘며 모근의 제1 영역과 제2 영역을 담당한다. 제1 영역인 모구부는 진피유두와 접하여 세포분열을 되풀이하고 있다. 내모근초와 외모근초는 모낭을 구성하고 외모근초 내의 색소형성세포를 살펴본다.
둘째, 모발섬유는 성장기, 퇴화기, 휴지기, 탈모기 등 4단계의 성장 단계를 통해 모낭 변이가 갖는 성장 속도와 탈모에 대해 살펴본다.
셋째, 인체의 계는 모발의 발생과 성장에 영향을 준다. 특히 미적 관점에서 호르몬계를 통해 살펴본다.

학습 목표

1. 모발의 구조도를 그릴 수 있다.
2. 모발 구조도를 통해 모구부의 생리와 역할 등을 말할 수 있다.
3. 모발 구조에서 모모세포 내 색소형성세포와 외모근초 내 색소형성세포 간의 역할과 작용을 비교할 수 있다.
4. 모발 성장 4단계를 단계별로 성장기간, 비율, 형태 등을 도식화하여 구분하고 설명할 수 있다.
5. 탈모를 정의함으로써 병적, 생리적 탈모를 구분하여 말할 수 있다.
6. 모발에 관여하는 호르몬에 대해 말할 수 있다.

주요 용어

모구부, 모세포, 결합조직, 모근초(소), 모기질 상피세포, 포식작용, 성장기, 퇴화기, 휴지기, 곤봉모, 전발, 양빈, 포, 독두

모발 생리학

1 모구부 Hair Bulb

구근 모양으로 팽창되어 있는 모구는 모발섬유를 발생시키는 부분이다. 모구 기저의 움푹 팬 부분에는 진피세포층에서 나온 모유두가 들어 있다.

모구부는 모유두와 모기질 상피세포를 포함하는 기관으로서 혈관이 풍부하며 모세포 분열을 조절한다. 여기서 분열된 모세포(Hair cells, HC)가 각화하면서 위로 밀어내는 모발 줄기(Hair shaft)를 드러낸다.

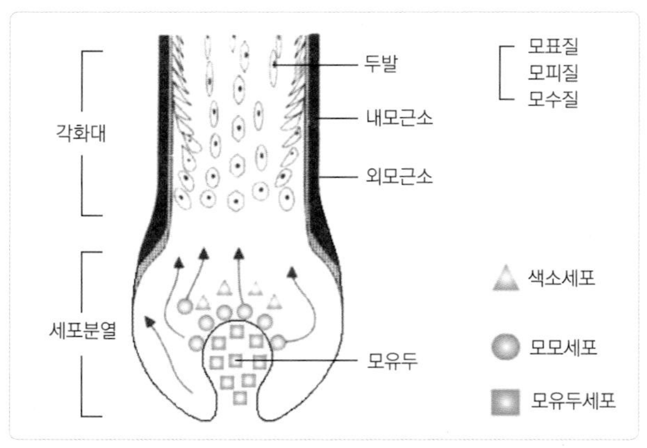

[그림 2-1] 모구부

1 결합조직(Connective Tissue Sheath)

모표피와 연결된 모근부로써 내모근초(Inner root sheath, IRS)와 그의 외측의 외모근초(Out root sheath, ORS)로 둘러싸여 져 있는 모낭 일부이다.

1) 기능

① 운송기능 역할

- 모모세포에서 분열된 모세포가 완전히 각화에 종결될 때까지 보호하고 표피까지 운송하는 기능을 한다.
- 모발의 육성과 함께 위로 밀어 올리나 모발을 표피까지 운송하여 역할을 다한 후에는 비듬이 되어 두개피부에서 떨어진다.

② 감각기능 역할

- 모낭 주위에는 이들을 둘러싸고 있는 신경 종말이 있다.
- 모발이 바람결에 흔들리거나 물체가 닿아 자극되면 이를 감각으로 느낄 수 있다.

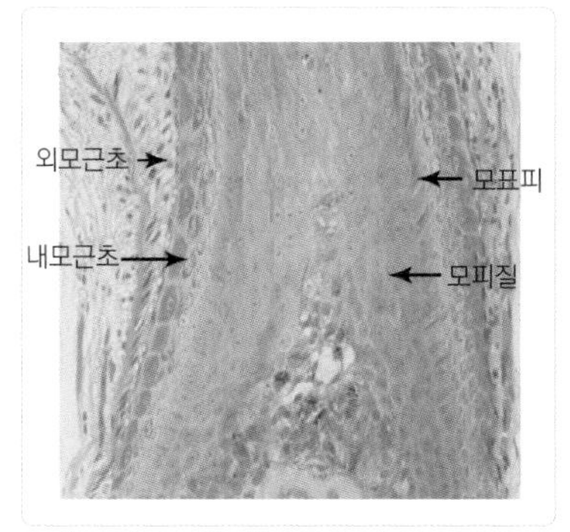

[그림 2-2] 내모근초와 외모근초

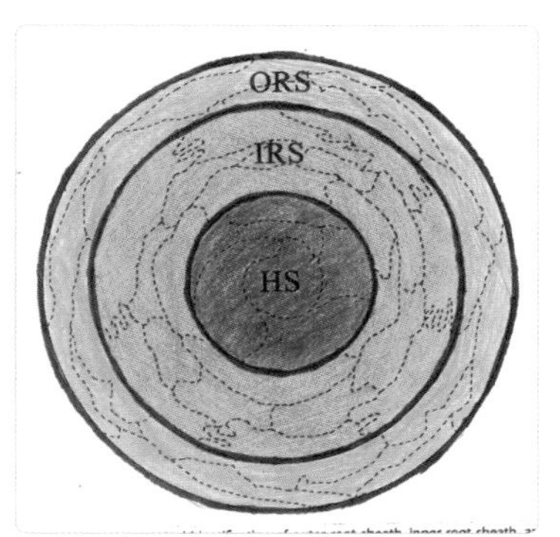

[그림 2-3] 모낭의 횡단면

2 모기질 상피세포(毛母細胞, Germinal Matrix Cell, GMC)

모기질 상피세포인 모모세포는 형체를 만들고 있는 세포 가운데에서도 특히 세포분열이 왕성하여 끊임없이 분열, 증식을 되풀이하고 있다. 이 모기질 상피세포가 모유두에서 영양을 받아 모세포(Hair cell)로 분열됨으로써 모발섬유 구조의 형상을 갖추어 성장된다.

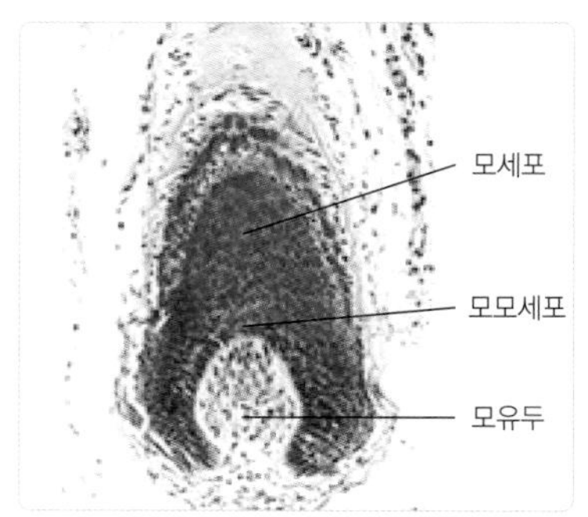

[그림 2-4] 모기질 세포

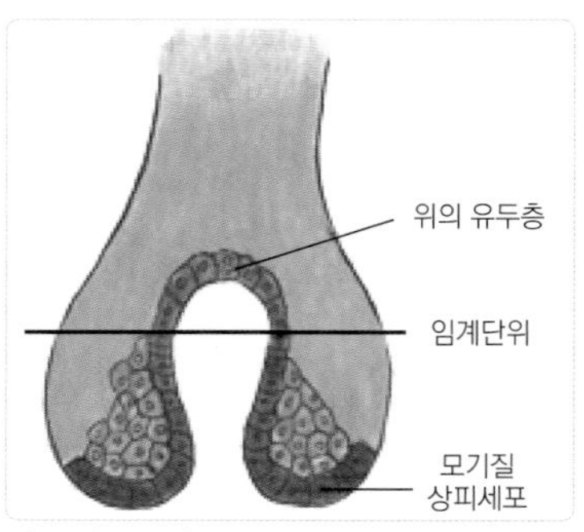

[그림 2-5] 모발 생장기 시 모구에서 유사 분열하는 세포들의 분포

3 색소형성세포(Melanocyte)

색소과립은 생물학적 합성과 분화 지역에서 식세포로서 랑게르한스가 미생물이나 다른 세포 또는 이물질을 잡아먹는 포식작용(Melano protein)과 같은 동일현상을 통해서 모피질성 세포 내로 들어간다.

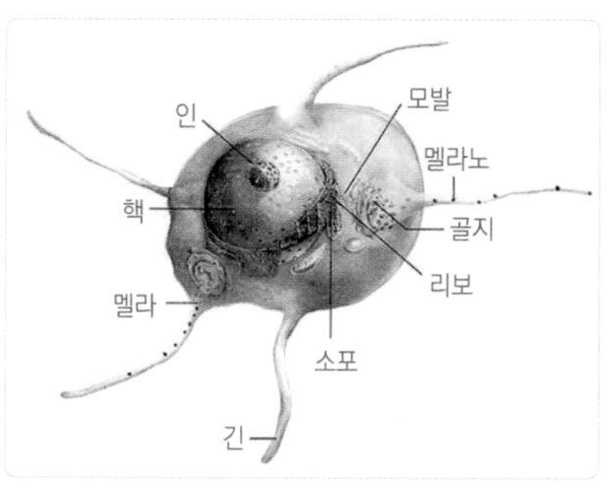

[그림 2-6] 색소형성세포

모기질 상피세포 내 존재하는 색소형성세포는 모발의 색(Natural hair`s color)을 결정하는 멜라닌 색소를 생성하는 곳이다. 이는 두 가지 조직에서 생성된다.

1) 모모세포 내 색소형성세포

색소과립은 작고 타원형 또는 구형의 입자로서 대략 2,000~8,000 Å (0.2~0.8㎛)로서 모피질성 세포를 통해 분산되어 있다.

2) 외모근초 내 색소형성세포

둥근 세포로 구성되었으며 멜라닌 색소 결핍성 색소형성세포이다.

표피 손상 후 표피 재생 기간과 백반증으로부터 색소 재침착이 따를 경우에 있어서 표피 색소형성세포의 저장소(Precursor melanocyte reservo ir)로 작용한다.

[그림 2-7] 색소형성세포의 분포

모발 생리학

2 모발섬유의 성장 Growth Of Hair Fiber

모발은 인간 삶과 함께 일생동안 활동하거나 모발을 계속 만들어지는 않는다. 왜냐하면 모유두 내의 유전자 암호가 모발 성장 단계인 성장기, 퇴화기, 휴지기, 탈락기 단계 등을 결정시키기 때문이다.

1 모발 성장 4단계(4 Level of Hair Growth)

모발이 모구로부터 모낭으로 나가려고 하는 모발 생성 단계와 딱딱한 케라틴이 모낭 안에서 만들어지는 퇴화기까지 자가성장을 계속하는 단계로서 분리되는 성장기 단계는 2단계로 나누어진다.

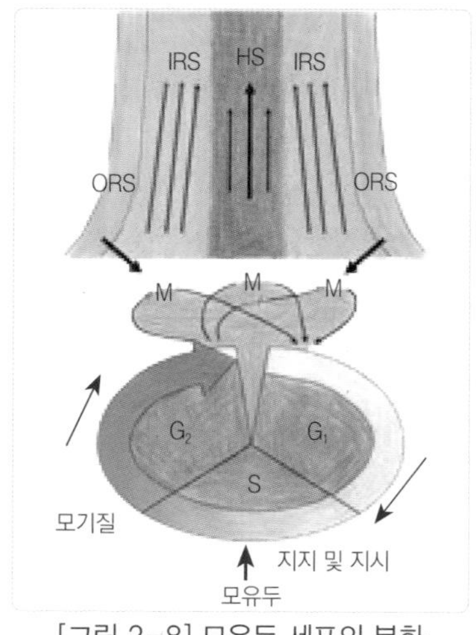

[그림 2-8] 모유두 세포의 분화

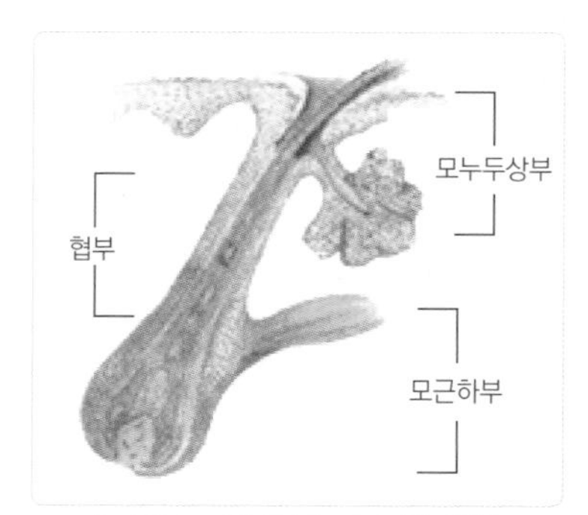

[그림 2-9] 모낭 내 모근 영역

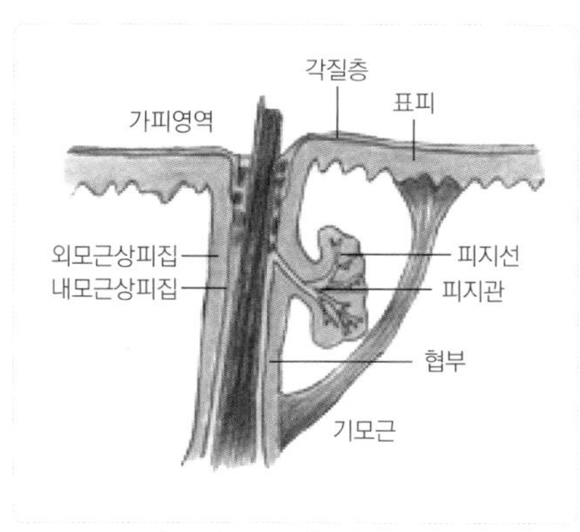

[그림 2-10] 가피영역

1) 성장기 단계(Anagen stage)

성장기 상(Phase)에서 모낭은 최대 길이에 도달한다.

성장기란 모유두 조직 주위에 접해 있는 모기질 상피세포가 모세혈관으로부터 영양분을 공급받아 활발한 세포 분열 증식을 통해 계속 성장하는 단계이다.

① 성장기간

평균적으로 남성 3~5년, 여성 4~6년 정도로 전체 모발의 80~85%를 차지하며 한달 평균 1~1.5cm 정도 자란다.

② 성장 조건

연령과 질병 및 호르몬, 비타민, 음식물 등이 갖는 영향력에 의해 모발 성장은 변화될 수 있다.

TIP

1일 성장 속도

1일 기준 0.2 ~ 0.4mm 일 때, 1일 전체 두발 성장 길이 0.4 × 10만 본 = 40m이다.

성장 두발 길이

5년 기준일 때,
1일 성장 길이 × 5년(365 × 5) = 0.4 × (365 × 5) = 73cm이다.

2) 퇴화기 단계(Catagen stage)

모낭의 하부 부분이 수축하여 모유두와 분리되며 모발이 모낭에 둘러싸여 위쪽으로 올라간다. 퇴화기 모발은 성장기를 포함함으로써 곤봉화된 휴지기 상태의 모발과는 차이가 있다. 모기부(毛基部, Proximal)의 세포소멸(Apotosis) 부분은 곤봉화된 모발에 비하여 어두우며 생장기 모발의 외모근초와 내모근초가 좀 더 남아있다.

- 성장기가 끝나고 모발의 형태를 유지하면서 휴지기로 넘어가는 중간 시기이다.
- 모기질 상피세포 분열이 저조해져 서서히 성장하지만 더는 모발 케라틴을 합성하지 않는 단계이다.
- 퇴행이행 기간은 전체 두발의 1% 정도이며 약 30~40일 정도 기간을 가진다.

3) 휴지기 단계(Telogen stage)

휴지기 모발이나 곤봉화 된 모발은 일반적으로 성장기 모발보다는 가는 줄기를 가지고 있기 때문에 쉽게 식별 가능하다. 또한 모근 근처는 투명하고 모수가 전혀 없으며 각화를 생산하는 영역으로 각질성(角質性)을 가지고 있다.

- 모유두의 활동이 일시 정지됨으로써 모기질 상피세포 분열의 정지와 함께 성장이 멈춘다.
- 모구부의 수축과 동시에 곤봉모(Clubbed hair)가 위쪽으로 밀려 올라와 자연 탈모된다.
- 3~4개월간의 휴지기는 두개피 전체 두발의 4~14%에 해당한다.
- 분만 후에는 30~40% 정도가 된다.

4) 탈모기 단계(Exogen stage)

성장기 시 발모된 모발에는 상피낭(Epithelial sac)이 감싸고 있을 수 있으나 성장이 멈추어 있는 자연탈피(脫皮) 모발, 즉 곤봉화된 모발에서는 상피낭을 볼 수 없다.

- 내재시간(Internal O'Clock), 즉 모유두 내 입력된 유전정보에 의해 자연스럽게 모발 탈락(Shedding)을 유도하는 발모화(Epilated) 현상이다.
- 발모 시 생장주기에 따른 탈모와 같이 외모근초와 내모근초가 전혀 부착되어 있지 않은 상태의 곤봉모로써 피탈된다.

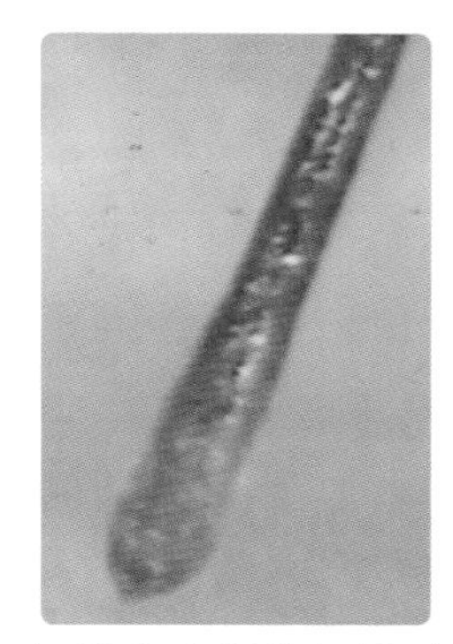

[그림 2-11] 곤봉모(CH)

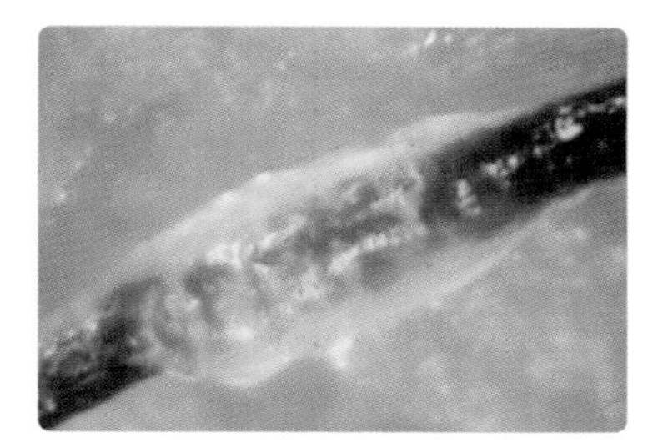

[그림 2-12] 상피낭(Epithelial Sac)

① 탈모 영향 요인

생리기전, 질병, 유전, 체질, 연령 등에 따라 차이를 보인다.

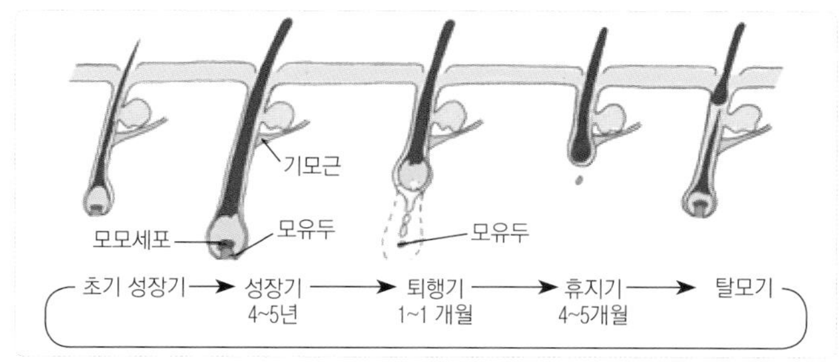

[그림 2-13] 모주기에 따른 모낭변이

② 1일 탈모량(10만 본 기준)

전체 두발 ÷ 성장기간 × 365일 = 10만 ÷ (5년 × 365) = 55개 이다.

2 모발 성장 속도 및 탈모(Hair Growth Speed and Hair Loss)

모주기와 모발의 성장 속도는 신체 부위, 인종, 나이, 성별, 계절 등에 따라 조금씩 다르게 나타나는 특징이 있다.

- 하루 중 낮보다 밤에, 년 중 5, 6월에 가장 많이 자란다.
- 보통 두개피에서 성장기 두발의 비율은 80~90%이나 가을철인 8, 9월은 계절적 변화로서 휴지기 모발이 가장 많이 형성됨으로써 년 중 가장 많은 모발이 피탈된다.
- 10대 연령에서는 성장 속도가 빠르나 20대 이후에는 정상적으로 순환되는 건강한 모낭의 수는 점차 감소한다. 특히 16~24세 연령의 여성에게 성장 속도가 빠르며 두개부위 중 측두부 내 양빈에서 성장 속도가 가장 낮게 측정되고 있다.
- 40대가 되면 태어날 때 가지고 나온 모낭 수의 반밖에 존재하지 않게 된다. 그러므로 독두(禿頭, Baldness)가 아닌 경우에도 나이가 들면 두발 숱은 듬성해지고 모량이 적어지면서(Hair loss) 모질 또한 약해진다.

3 성장 속도(Hair Growth Speed)

사람의 경우 계속 성장하는 시기로서 성장기인 3~8년간을 기준으로 보았을 때 성장 속도에 따른 성장 길이를 추측할 수 있다.

① 전발

하루에 0.44㎜의 비율로 자란다.

② 측두인 양빈

하루에 0.39㎜ 자란다.

③ 신체 부위

하루에 겨드랑이 털 0.23㎜, 음모 0.2㎜, 눈썹 0.18㎜ 정도 자란다.

④ 건강한 두개피 내 모발

한 달 평균 약 1.25㎝ 성장하며, 1㎠당 460개 약 175~300개의 경모를 가지고 있다.

[표 2-1] 모발 종류에서의 주기와 성장

모발의 종류 (Type of Hair)	성장기	휴지기 (개월)	1일 성장 (mm)	1개월 성장 (cm)
두발 (scalp hair)	3~8년	2~3	0.37~0.44 0.39(양빈)	0.81~1.32
수염 (beard)	2~3년	–	0.27~0.38	0.71~1.14
액와모 (underarm)	1~2년	–	0.23	0.69
음모 (pubic)	1~2년	–	0.2	0.6
사지모 (extremities) 솜털 (trunk)	1~6개월	2~4개월	–	–
속눈썹 (eyelash)	3~4개월	2~4개월	0.18	0.54
눈썹 (eye brows)	4~5개월	10개월		

4 탈모(Hair Loss)

탈모는 무언가 잘못되었다는 신체 건강의 첫 번째 경고이다.

모발 성장과 탈모에 대한 기전 그리고 모발 굵기에서의 변화, 모피지선 단위의 순환활동 비율이나 생장기에서 휴지기 단계로 변화하는 비율은 모발 성장과 탈모를 결정짓는다.

1) 생리적 탈모(Shedding)

모낭변이 과정에서 성장 후 피탈되는 모발 수를 측정할 수 있다.

- 모발의 성장주기는 모낭의 변이로서 성장, 퇴화, 휴지기를 한 주기로 보았을 때 10~15회 주기를 반복한다.
- 이 주기가 일찍 끝나는 사람은 영구탈모(Baldness)가 된다.

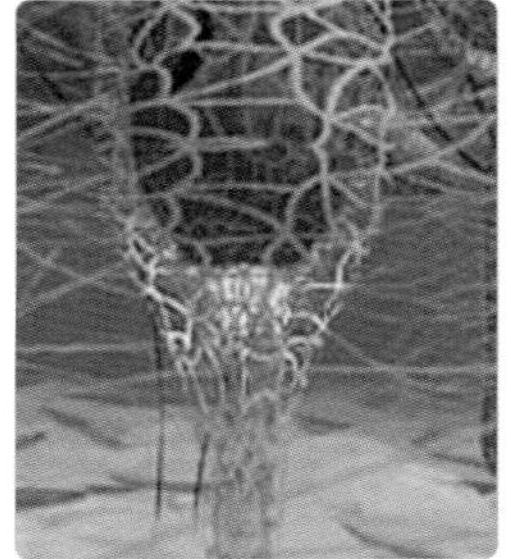

[그림 2-14] 생리적 탈모

항상성 TIP

항상성은 독자적인 기능에 따른 다양한 여러 조직과 기관이 서로 협조하여 전체적인 통일된 생체 내 생명에 관한 일을 수행한다.

2) 병적 탈모(Alopecia areata, Baldness)

휴지기성 탈모증과 성장기성 탈모증 등으로 구분된다.

알아두기

호르몬은 단독 또는 종합적으로 전신의 기능을 조절시키므로 인해 특별히 모낭에 대하여 어느 호르몬의 과부족이 영향을 주고 있는지 명확하게 정해져 있지 않다. 즉, 내분비 기관이 모낭세포의 활동을 직접 시작하게 하거나 멈추게 하면서 모발 성장은 조정하지 않는다. 다만 모낭 성장을 더 촉진시키거나 더 더디게 하는 영향으로서 남성 호르몬(Androgen)의 영향을 받는다. 그 반응의 질과 정도는 인체 모낭에 따라 3가지 형태로 분류된다.

① 성호르몬과 무관한 모발은 눈썹, 속눈썹, 두개융기 이하 후두부의 포, 전완부 이하의 팔, 다리털

② 고농도의 남성 호르몬과 관련 있는 모발은 수염, 가슴털, 귀털, 코털, 음모, 이마 발제선에서 정수리 부위 등이다.

③ 저농도 남성호르몬과 관련 있는 모발은 음모의 아래쪽, 액와모, 기타 신체 모발 등이다.

모발 생리학

3 모발과 호르몬

외부변화와 관련하여 신체의 항상성을 유지하는 계통에는 내분비계, 신경계, 심혈관계, 면역계 등으로서 두개피 및 모발 발생에 따른 생리학은 4종류의 계통(System)이 담당한다.

1 뇌하수체 호르몬

이 호르몬은 외부 자극에 따른 정신적인 감동과 불안감의 잠재의식 그 외 여러 가지 스트레스 등 원인에 따라 간뇌를 통해 뇌하수체 호르몬이 다양한 호르몬으로 전환되어 분비된다.

뇌하수체 전엽인 샘뇌하수체(Adenohypophysis) 호르몬은 갑상선(Thyroid gland), 부신(Adrenal gland), 성선(Gonads) 등의 기능을 조절한다.

1) 갑상선 호르몬

- 갑상선 호르몬은 휴지기에서 생장기로 전환을 유도하며 모발 길이를 증가시킨다.
- 갑상선을 절제하거나 갑상선 기능을 억제하는 약물을 투여하면

인체의 모든 모발이 갖는 모낭의 활동이 억제되고 성장기의 시작을 지연시킴으로써 성장기 모발 직경을 가늘게 한다.

- 갑상선 기능 저하증 환자는 액와부와 음모의 털이 감소되는 경향이 있다.

2) 시상하부의 호르몬

시상하부는 뇌하수체 전엽 호르몬의 분비를 다시 조절하는 반면 뇌하수체 기능 감소증은 모발 성장을 감소시킨다.

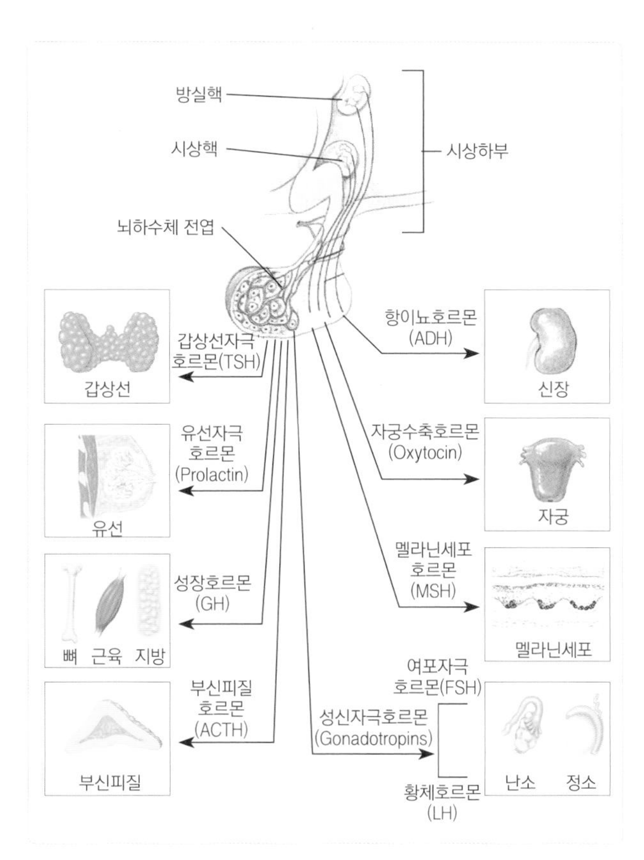

[그림 2-15] 뇌하수체 호르몬

2 성호르몬

성호르몬이나 부신피질 호르몬 등은 분비로 인해 기능이 변화된다.

1) 남성 호르몬(Androgen)

이마 발제선과 두정부의 경모(Terminal hair)를 연모화하는 남성 탈모를 유발시키나 안드로젠에 의존하는 턱수염과 코밑수염 등은 오히려 성장시킨다.

2) 코티졸(Cortisol)

인체 모든 모발에 대해 성장을 억제한다. 생식선 절제술(Gonadectomy)이나 부신 제거술(Adrenalectomy)을 받게 되면 두개피 모발은 성장 효과가 있으나 몸에 성장하는 모발은 억제된다.

3) 여성 호르몬(Estrogen)

모낭 활동 시작을 지연시킴으로써 생장기 시 모발의 성장 속도뿐 아니라 생장 기간까지도 연장시킨다. 인체 모발에 대해 성장억제 효과가 있다.

4) 여성에서의 황체 호르몬(Progesterone)

인체 모든 모발에 대해 거의 성장 억제 효과가 있으나 몸의 털에 대해서는 성장 촉진 효과가 있다. 그러나 모발 성장에 대한 직접적인 영향은 약하다.

3 부신 호르몬

부신에 발생한 형태적, 기능적 이상을 총칭하며 변성, 순환장애, 진행성 병별, 종양 등을 포함한다. 부신은 피질과 이를 둘러싼 수질로 분류된다.

1) 피질

당질 코르티코이드, 광질 코르티코이드, 성 스테로이드가 분비되며 뇌하수체 전엽에 분비한 부신피질 자극호르몬(ACTH)에 의해 조절되고 있다.

2) 수질

카테콜 아민이 분비되고 있다

3) 부신질환

① 호르몬 과잉상태

쿠싱증후군, 원발성 알도스테론증 등이 발생된다.

② 호르몬 결핍상태

에디슨병, 급성부신색전 등을 발생시킨다.

알아두기

모발은 피부부속기의 하나로 과거 피부질환에 비해 피부과 의사나 의료인이 관심을 끌지 못했으나 인간의 수명 연장으로 인하여 삶의 질 추구, 모발을 연구하는 연구기법의 확대, 모발이 피부의 잠재적 줄기세포(Stem cell)라는 의미확대, 모발생성 기전에 동물 모델 개발(원숭이, 쥐), 연구의 활성화 등에 따라 학문의 한 장르에서 다양하게 접근하고 있다.

요약

1. 모발의 생성 조건이 모유두, 모세혈관, 자율신경 단백질 합성효소 등이 정상적인 기능에 있다 할 때 끊임없는 모발 성장에는 유전정보를 담고 있는 모유두의 역할이 매우 중요시되고 있다.

2. 모발은 모근과 모간 부분으로서 모근은 피부가 함몰된 피부주머니인 모낭 내에 구성되어 있다. 모낭은 기모근이 부착된 부위와 피지선관이 있는 입구를 경계로 하며 하부, 협부, 모누두상부로 구성된다.

3. 모구부는 모유두와 모기질 상피세포를 포함하는 기관으로서 혈관이 풍부하며 모세포 분열을 조절한다. 분열된 모세포는 각화하면서 위로 밀어내어 모발줄기를 드러낸다.

4. 모낭 내 모근부는 내모근초와 색소형성세포가 부착된 외모근초가 길이로 감싸며 모발을 표피까지 운송한 뒤 비듬이 되어 피탈되는 반면 진피유두를 감싸고 있는 모기질 상피세포는 모세포를 세포분열을 통해 생성한다.

5. 모유두 내 내재된 유전 정보는 성장기, 퇴화기, 휴지기, 탈락기 단계를 결정시킨다.
   - 성장기는 평균 4~5년이며, 전체 모발의 80~85%, 한 달 평균 1~1.5㎝ 자란다.
   - 성장기 모발의 외모근초와 내모근초가 좀 더 남아 있는 퇴행기 모발은 전체 두발의 1% 정도이며, 평균 30~40일 정도 기간을 가진다.
   - 모구부의 수축과 동시에 곤봉모가 위쪽으로 밀려 올라와 자연 탈모되는 휴지기는 3~4개월, 전체 두발의 4~14% 정도이다.

6. 탈모는 Hair Loss로서 모발이 점차 가늘어짐을 나타낸다. 이에는 모주기에 의한 생리적 탈모인 쉐딩(Shadding)과 병적인 탈모(Alopecia)로 나눌 수 있다. Alopecia로 인한 미용적 패턴은 확산성과 남성 탈모증으로 드러나며, 이에는 뇌하수체, 갑상선, 부신, 성선 등의 기능에 의해 조절된다.

연습 및 탐구문제

1. 모발 구조로서 모구부 내 결합조직, 모기질 상피세포, 색소형성세포를 연계시켜 구조도와 함께 설명하시오.
2. 모발섬유의 성장을 4단계로 분류하여 각각의 특징에 맞게 설명하시오.
3. 모발 성장 속도와 탈모 간의 관계에서 생리적 탈모와 연관지어 설명하시오.
4. 모발과 관련된 호르몬을 자극 호르몬과 분비 촉진 호르몬으로 분류하여 설명하시오.

참고문헌

1. 모발관리학, 류은주 외 4, 청구문화사, 1995, pp 10~22
2. HAIR COLORING, 류은주, 청구문화사, 2001 pp 29~31
3. 모발학, 류은주 외 4, 광문각, 2002, pp 32~44
4. 모발 및 두피관리 방법론, 류은주 외 1, 이화, 2003, pp 62~91
5. 모발미용학개론, 류은주 외 1, 이화, 2004, pp 1~28
6. 모발생물학, 은희철 외, 서울대학교출판부, 2004, pp 21~110
7. 인체모발 생리학, 류은주, 오강수 이화, 2005, pp 131~202
8. 인체모발 형태학, 류은주, 김종배, 이화, 2005 pp 112~126
9. 두개피육모관리학, 한국모발학회, 이화, 2006, pp 57~87, 149~159
10. TRICHOLOGY, 류은주 외 2, 트리콜로지, 2008, pp 40~50, 66~71
11. 모발미용학의 이해, 류은주외 4, 신아사, 2009, pp 59~72
12. 고등학교 헤어미용, 류은주 외 4, 서울특별시교육청, 2010, pp 39~40, 67~68
13. 두개피 미용교과교육론, 류은주 외 2, 다모, 2011, pp 33~38
14. 헤어미용교육론, 류은주 외 2, 훈민사, 2013, pp 110~113

모발형태학

중심부를 이루는 모수질과 이를 둘러싼 모피질 그리고 모표피로 구성된 모발은 모축에 따라 3개의 상이한 영역으로 나누어져 있다. 생합성 및 조직화가 이루어지는 제1 영역, 케라틴화 영역으로서 이황화결합 가교에 의해 안정화되는 제2의 영역과 함께 제3 영역은 모발이 피부에서 나와 영구모 영역인 탈수상태의 각화세포와 세포간충물질로 구성된다.

개요

모발은 모축에 따라 3개의 상이한 영역으로서 생합성 및 조직화가 이루어지는 모구와 그 주변 성숙모로서 케라틴화 영역인 길이 방향과 가교형성에 의해 늘어져 있는 안정화영역, 탈수상태의 각화세포와 세포간충물로서 주로 각화가 종료된 영구모 등을 통해 화학구조 및 성질을 나타낸다. 이 장에서는 모표피를 형성하는 모표피성 세포와 모피질을 구성하는 모피질성 세포, 공포로 구성된 모수질에 대해 살펴본 후, 모발형상을 나타내는 이중구조와 공공, 축모와 직모 등에 따른 모발색과 모발구성성분과 작용을 살펴본다.

첫째, 모표피는 모표피성세포의 조합으로서 상표피와 세포간물질로 구성되며, 모피질은 모피질성세포로서 결정영역과 비결정영역으로 구성된다. 모수질은 축을 따라 연속적이거나 비연속적인 형태로 존재한다.

둘째, 모발의 구조는 다양한 형상으로서 축모와 직모의 형태를 유지시킨다. 이는 이중구조 또는 공공에 의하거나 오쏘, 파라, 메소 등의 성질이 다른 물질들에 의해 드러낸다. 축모는 한 개의 두발에서도 모경지수가 다르며 직모는 오쏘와 파라가 전체적으로 조화된 구조이다.

셋째, 멜라닌 색소 양과 분포에 따라 결정되는 모발색은 모구부 내 색소형성세포가 생성하는 멜라닌소체에 의해 생성되는 유멜라닌과 페오멜라닌의 분포에 따라 백모와 색조모로 구성됨을 살펴본다.

넷째, 모발 구성성분인 단백질, 멜라닌, 지질, 수분, 미량원소 등에 따라 모발 유형을 구분시킴을 살펴본다.

학습 목표

1. 모발 형태를 3가지 영역으로 구분할 수 있다
2. 모발 영역을 구성하는 구조들을 결합으로 설명할 수 있다.
3. 모발형상에 따른 구조를 분류하여 설명할 수 있다.
4. 모발색을 구분하고 메카니즘을 분자식으로 설명할 수 있다.
5. 3원색인 색원물질에 대해 설명할 수 있다.
6. 모발 구성성분과 작용에 관해 설명할 수 있다.

주요 용어

모표피, 모피질, 모수질, 미늘톱니바퀴, 상표피, 세포간물질, 폴리펩타이드, α-나선, 원섬유, 미세섬유, 거대섬유, 시스틴결합, 염결합, 소수성결합, 수소결합, 공공, 이중구조, 축모 · 직모, 도파퀴논, 타이로신, 유멜라닌, 페오멜라닌, 색원물질, 기여색소, 결과색, 색균형, 미량원소

모발 형태학

1 모발 조직 Hair Tissue

모표피는 수모(獸毛) 섬유로서 모수질의 밀집도와 함께 모표피층 수는 섬유가 어떠한 종류의 동물로부터 나온 것인지를 판단하는 데 중요한 단서가 된다.

1 모표피(Cuticle of Hair,Ce)

중첩된 여러 층의 층상(Lamellar) 구조를 이루는 모표피 비늘층은 모간의 껍질구조로서 모피질을 감싸고 있는 화학적 저항성이 강한 판상이 5~15층으로 구성된다.

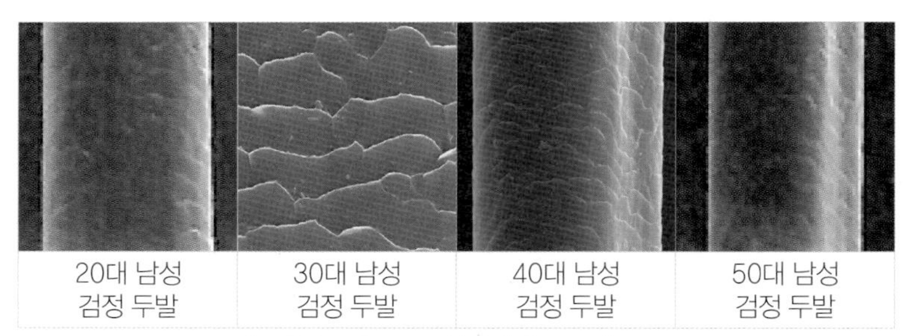

[그림 3-1] SEM 상에서의 모표피 구조

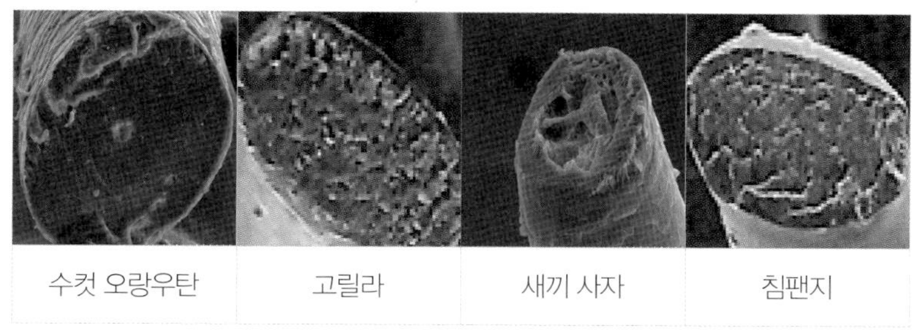

[그림 3-2] SEM 상에서 수모의 횡단면 구조

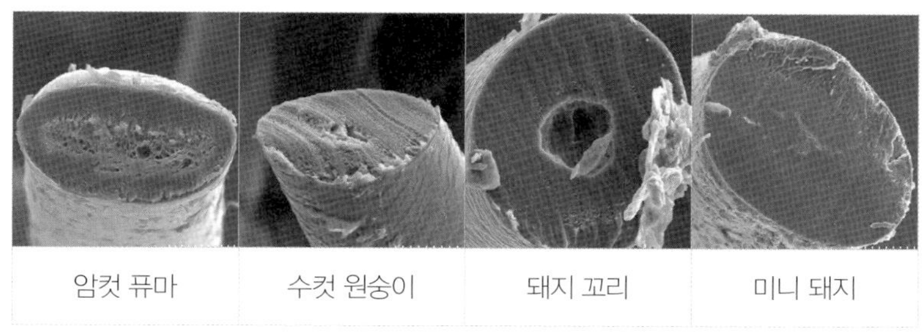

[그림 3-3] SEM 상에서 수모의 횡단면 구조

비늘층은 미늘 톱니바퀴(Ratchettlike)구조로서 모발 간에 직접적 마찰효과를 가진 섬유 얽힘(Entanglement)을 발생시키는 원인이 된다. 일반적으로 2.5~5㎛ 정도 두께로서 부드럽고 깨지지 않는 비늘가장자리(Scale edges)를 포함하고 있다.

TIP 모표피

비늘층의 수는 법정의 변론학(Forwn sic studies)에서 혈통(Origin)에 대한 단서를 제공하기도 한다.

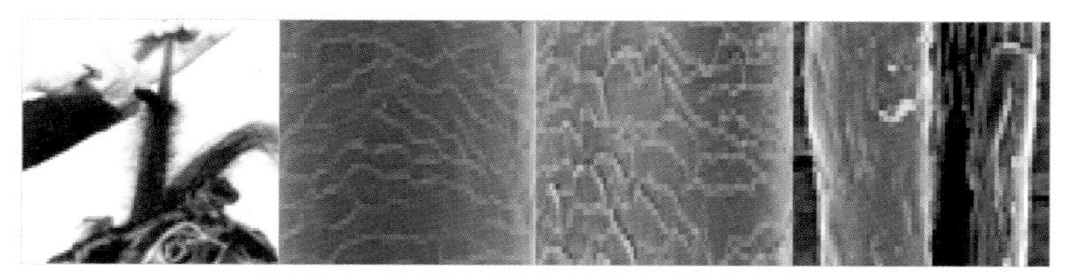

[그림 3-4] 모표피의 손상 및 모피질층 노출

광학전자현미경에 의한 모발 검사에서 비늘 팁 끝(Tip end, Serration)의 부서짐과 함께 분열된 팁은 비늘 구조의 점진적인 손상 이동을 유도 시킨다.

1) 모표피성 세포(Cuticular scale)

완전히 분화된 모표피 세포는 매우 고밀도 구조인 상표피(上表皮)와 세포간충물질(細胞間充物質)을 형성한다. 이러한 구조는 모표피 섬유 단면에 의해 설명한다.

① 상표피(Cuticular scalp)

> 근본적으로 모발에 포함된 모표피는 지방질(Lipid)과 섬유 모양의 단백질(Fibrous protein) 층으로 구성되어 있다.

- 세포간충물질을 함유한 세포막 복합체이다.
- 연속된 상표피는 대략 25Å의 두께를 가진 얇은 막으로서 불규칙적인 분자 배열을 통해 문리(紋理)를 형성한다.

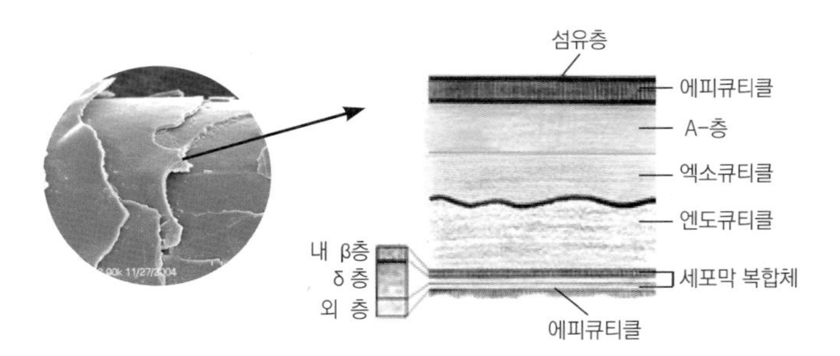

[그림 3-5] 표피의 층구조

㉠ 에피큐티클(Epicuticle, Ep)

> 각각의 모표피성 세포는 모피질과 대조적으로 얇은 외부막을 가진다. 이 막의 두께는 모질마다 다 다르게 측정된다.

최외표피층막 아래 모표피 세포막의 30%를 차지하는 A층은 높은 시스틴 내용물을 가진 저항층이다.

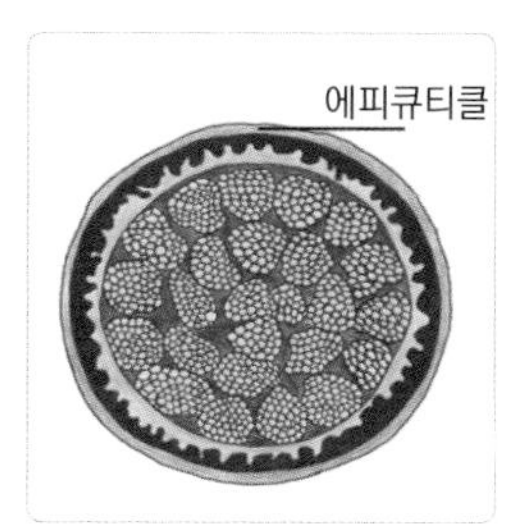

[그림 3-6] 에피큐티클

㉡ 엑소큐티클(Exocuticle)

세포막 복합체(Cell membrane complex, CMC)를 이루는 얇은 층을 따라서 내표피 층인 엔도큐티클을 보호하고 있다.

- 모표피성 세포층의 15%를 차지하는 이 층은 때로 B층이라 불린다.
- 모표피 구조의 2/3에 해당하는 시스틴 성분이 풍부한(Cystine-rich, 30% 함유) 부드러운 케라틴층이다.

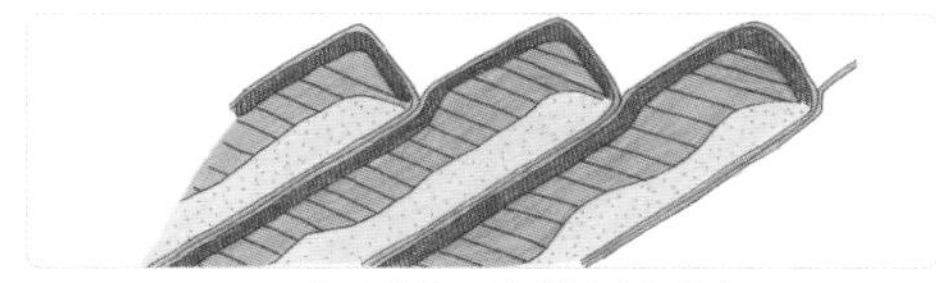
[그림 3-7] 엑소큐티클

㉢ 엔도큐티클(Endocuticle)

모표피성 성분 중 3%를 차지하는 엔도큐티클은 기계적으로 가장 취약한 부분이다. 시스틴 함유량 또한 가장 낮게 구성되어 있다.

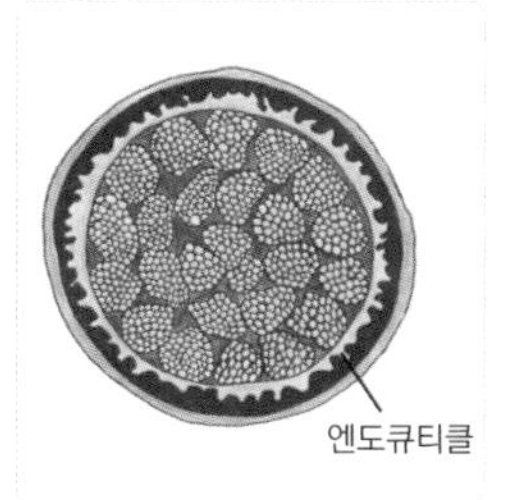

[그림 3-8] 엔도큐티클

2) 세포간 물질(Ground substance)

상표피 간을 접착시켜주는 세포간물질인 세포막복합체는 세포막을 접착시키는 접착물질로서 세포간 매장물 또는 세포간충물질 이라고도 한다.

- 두께 약 400~600Å인 세포막 합성은 시스틴을 포함한 황함유 아미노산의 비율이 낮다. 대부분 세포 내의 단백질과 비교했을 때 엔도큐티클은 때때로 비케라틴 영역(Nonkeratinous regions)으로 언급된다.
- 이 영역은 미용 서비스 종목인 펌, 염 · 탈색, 웨트 헤어 스타일링에서 점점 더 중요성이 커지고 있다.
- 왜냐하면, 모발 내로 용제의 진입과 열확산의 반응을 주도하는 주요 경로로서뿐 아니라 모발 인장력에 따른 확장 과정에서 모표피의 분리와 손상에 관한 신호 역할을 하기 때문이다.

2 모피질(Cortex of hair, Cx)

1) 모피질성 세포(Cortical cell)

모발의 강도(세기), 탄성, 유연성, 성장의 방향, 굵기, 질, 색소 등을 나타내는 섬유 다발이다.

모피질성 세포에는 세포와 세포 내의 결합 물질을 구성하며 색소 과립과 핵 잔존물을 포함한다. 모피질성 세트로 구성된 모피질은 결정영역(주쇄결합)과 비결정영역(측쇄결합)으로 되어있다.

[그림 3-9] 30대 남자의 모피질층

① 결정영역

기단위(Subunit)인 폴리펩타이드를 토대로 거대분자를 구성한다.

- 아미노산 카복실기의 수산기와 이웃하는 아미노산 아미노기의 수소기가 결합하여 탈수(Dehydration)됨으로써 축·중에 의해 펩타이드 기를 구성시킨다.
- 아미노산끼리 이어진 펩타이드 결합으로서 이는 단백질 1차 구조로서 C와 N이 서로 전자를 공유하는 공유결합(Covalent bond)을 이루고 있다.

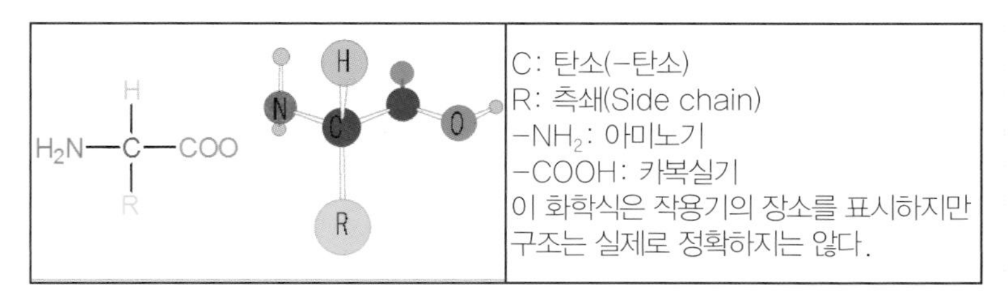

[그림 3-10] 아미노산의 기본 구조식

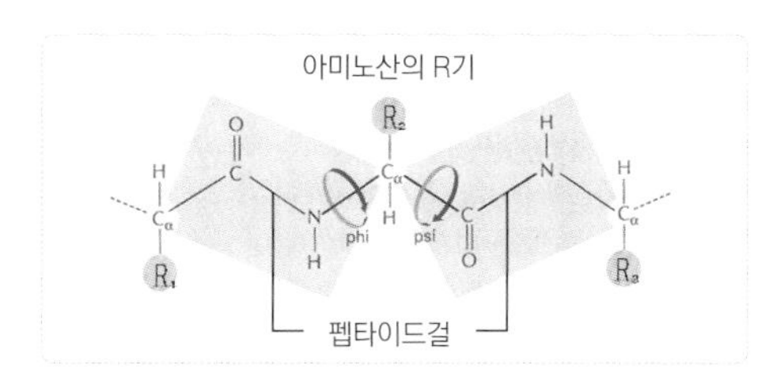

[그림 3-11] 펩타이드 결합

㉠ 폴리펩타이드(Polypeptide chain, PC)

아미노산 100개 이하, 분자량 1만 이하를 폴리펩타이드라 한다.

다수의 펩타이드로서 공유결합이 사슬 모양으로 반복적으로 길게 구성된다.

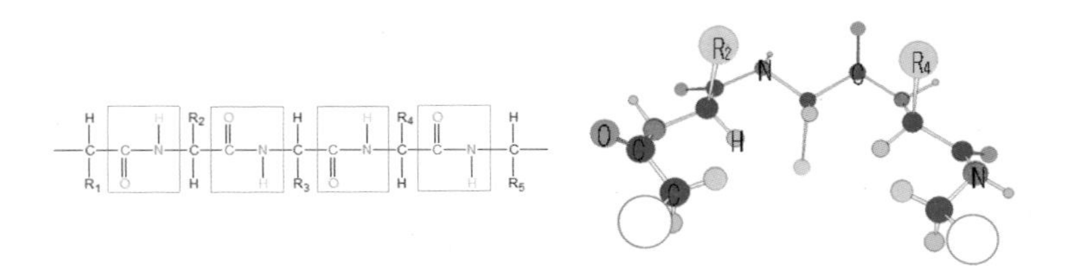

[그림 3-12] PC

㉡ 헬릭스 구조(α-나선)

폴리펩타이드는 α-나선의 기단위 구조가 된다.

α-나선의 기단위인 폴리펩타이드 3개가 한 조로 묶어지면 α-나선단위가 구성된다.

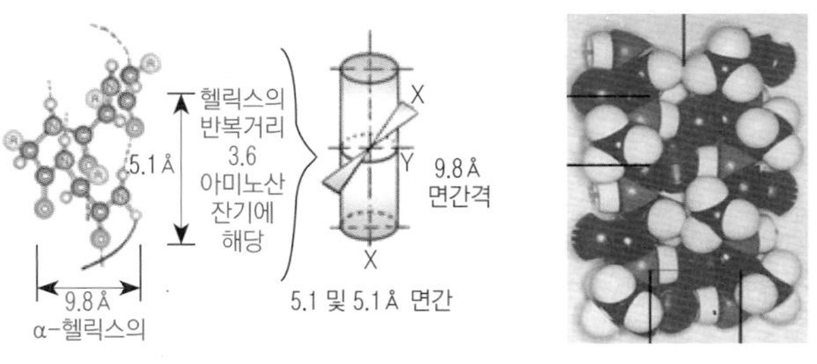

[그림 3-13] α-나선의 분자모형

㉢ 원섬유(Protofibril)

나선 기단위가 9+2의 배열로서 원섬유를 형성한다.

원섬유인 프로토피브릴(Protofibril)의 다중체 구성은 또한 α-헬릭스구조를 기단위로 한 다량체 다발(Polymer bundle)이 된다.

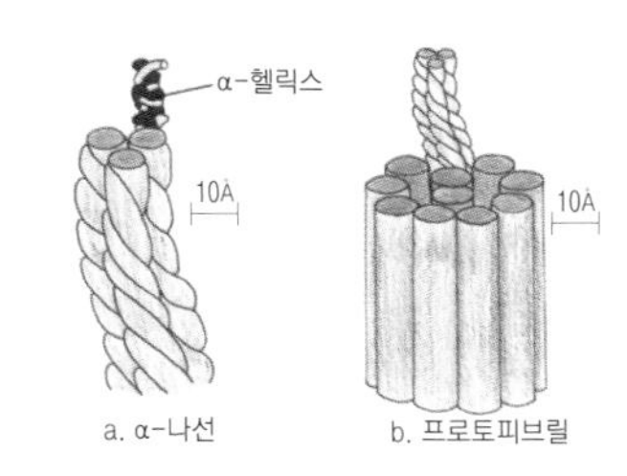

[그림 3-14] 원섬유의 9+2구조
a: -나선, b: 프로토피브릴

㉣ 미세섬유(微細纖維, Microfibril, MIF)

미세섬유인 마이크로피브릴은 원섬유를 기단위로 육각형으로 구성하고 있다.

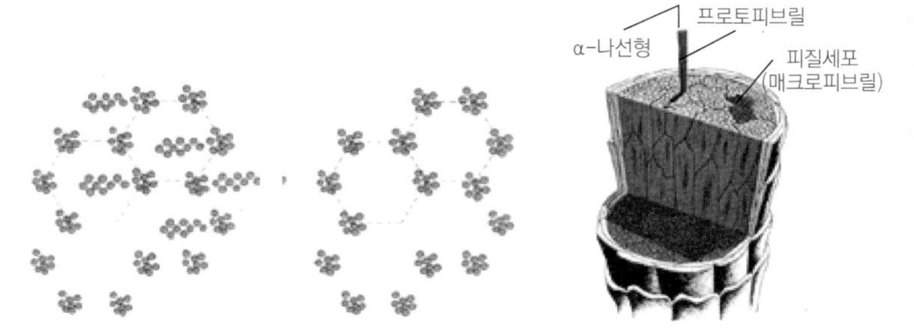

[그림 3-15] 모피질 내 마이크로피브릴

㉤ 거대섬유(Macrofibril, MF)

구성된 미세섬유를 기단위로 한 모피질성 단위의 매크로피브릴은 거대섬유인 고분자 화합물로서 모피질 구조를 형성시킨다. 다시 말하면 결정적 고체로 정렬된 결정영역에 대한 X-ray회절 연구는 분자 특성으로 공간 반복성을 나타낸다.

- 미세섬유인 마이크로피브릴(MiF)이 다수 모여 매크로피브릴(MF)을 구성하나 MiF의 배열은 부분적으로 다르다.
- MF은 MiF라는 보조섬유 구조로서 나선상(Helix) 형태로 늘어져 있다.

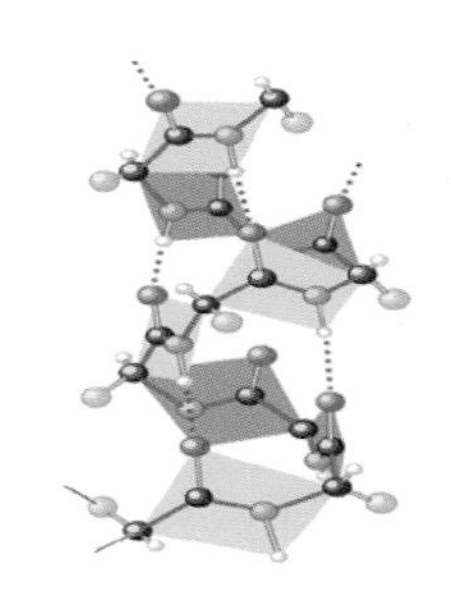

[그림 3-16] 공간 반복성

공유결합 TIP

- 모발 전체 강도의 ⅓을 담당하며 물이나 열에 파괴되지 않는 결합이 공유결합이다.
- Perm wave 또는 Relaxer는 S-S의 물리 화학적인 변화에 의해 만들어진다.

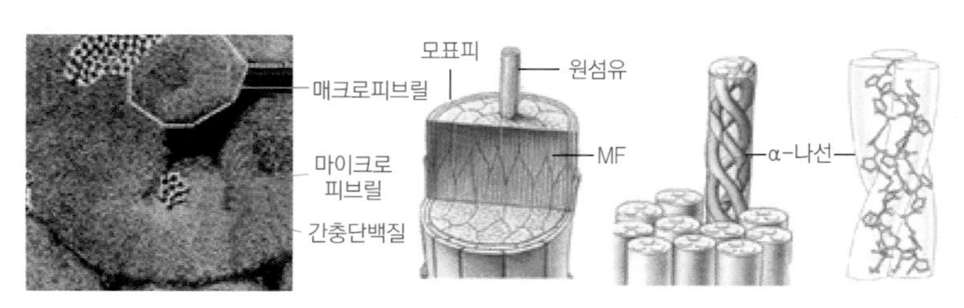

[그림 3-17] 오쏘-피질의 나선양식에서 모피질 세포의 단면

2) 비결정영역(Matrix)

단백질을 이루고 있는 아미노산의 잔기(Residue, R)인 $R_1R_2R_3\cdots$의 원자단인 측쇄는 시스틴·염·펩타이드·수소·소수성 등의 결합을 가짐으로써 모발 아미노산 특유의 성질을 나타낸다.

① 시스틴 결합(Covalent disulfide linkage or Disulfide bond)

시스틴(S-S)결합은 다이설파이드 결합(Disulfide band), 이황화 결합(二黃化結合)이라고도 한다. 이는 모발의 측쇄 구조를 이룸으로써 화학적 반응으로 절단과 재결합 반응을 통하여 축모 교정을 포함한 웨이브 형성을 가능하게 한다.

모피질 내 측쇄 잔기인 시스테인 아미노산은 생체 내의 산화환원 과정에서 시스틴 결합을 한다. 이는 2분자 시스테인(–SH · HS–)이 산화됨은 탈수를 동반한 반응에 의해 상호 –S-S-로 공유 결합한다.

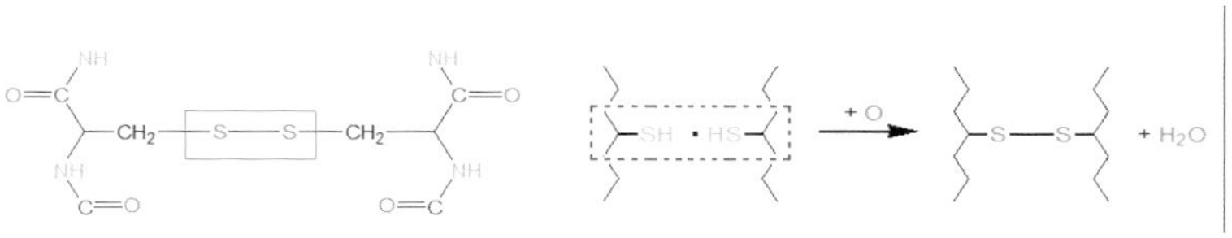

[그림 3–18] 시스틴 결합

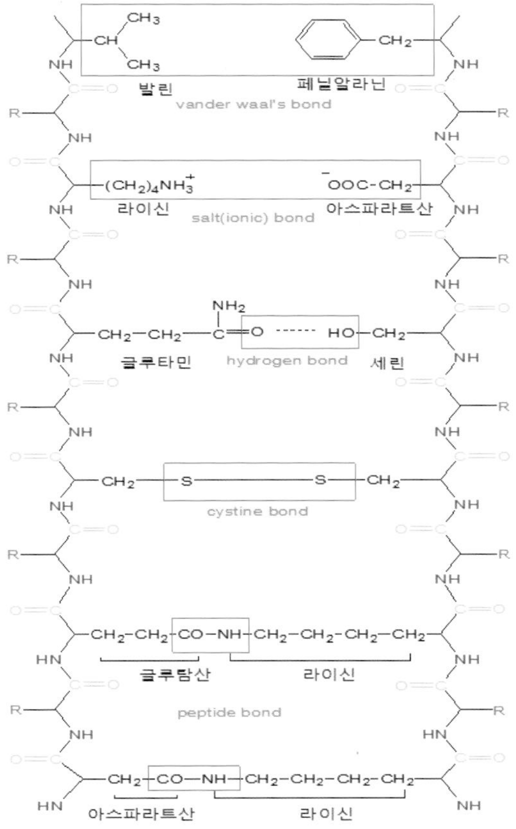

[그림 3–19] 주쇄결합 간 측쇄기의 화학적 결합

이온결합 = 염결합 TIP

- Na(염화나트륨 Sodium Cloride)와 같이 Na^+와 Cl^-가 결합하여 격자 모양의 결정을 만드는 것을 염이라 하고 이와 같은 결합을 염결합이라 한다.
- 한 원자의 전자가 다른 원자의 전자 궤도로 이동하여 형성되는 결합이다.
- 모발에서 한 아미노산의 음전하와 다른 아미노산의 양전하를 끌어당겨서 일으킨다.
- 모발 강도의 ⅓을 담당한다.
- 강 알칼리나 강산성 용액에 의해서 쉽게 파괴된다.

TIP 수소결합

(모발 자체 강도의 1/3을 담당)
- 이온결합(Ionic bond)의 특수한 형태
- 한 아미노산의 산성 부위에 있는 산소 원자가 다른 아미노산의 산성 부위에 있는 수소 원자를 끌어당길 때 일어난다.

② 염결합(Coulomb force or Salt linkage, $-NH_3^+ \cdots {}^-OOC$)

> 정전기적 상호작용인 이온성 결합은 반대 전하 사이의 정전기적 인력 또는 같은 전하 사이의 반발력으로 발생한다. 그 밖에 단백질 또는 펩타이드 결합의 아미노기 말단과 카복실기 말단 잔기들은 보통 이온화된 상태로 존재하며 각기 양전하 또는 음전하를 가진다. 이들 모두가 단백질 구조에서 정전기적 상호작용을 한다.

서로 상반되는 전하를 가진 이온 사이의 결합인 염결합은 아미노산 곁사슬의 양전하(NH_3^+)와 음전하(${}^-OOC$) 사이의 서로 상반되는 전하를 가진 이온 결합인 염결합으로 형성된다.

- 염결합은 케라틴 섬유 강도에 약 35% 정도 기여함으로써 산, 알칼리에 쉽게 파괴된다.
- 모발 아미노산 중 알칼리성 아미노산인 라이신[$(CH_2)_4$-NH^+_3] 또는 아르기닌 잔기의 (+)로 하전된 암모늄 이온과 산성아미노산인 아스파라트산(Aspartic acid, $-{}^-OOC-CH_2$) 잔기의 (-)로 하전된 카복실기 이온 간의 정전기적인 결합이다.
- pH 4.5~5.5일 때 결합력은 최대가 된다.

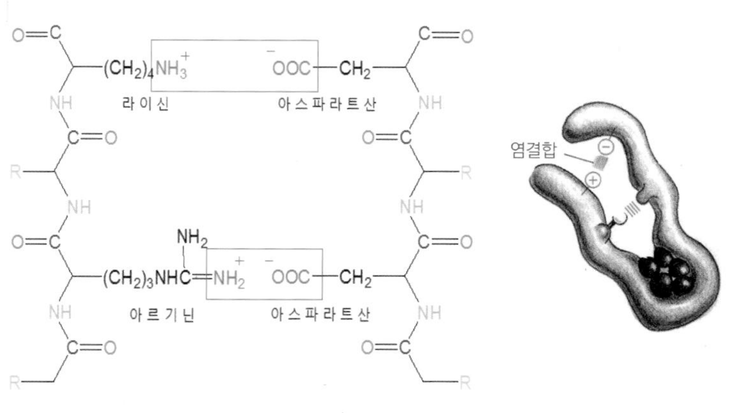

[그림 3-20] 염결합

③ 펩타이드결합(Covalent peptide or Ester linkage)

- 염결합에서와 같이 알칼리성과 산성의 아미노산 측쇄잔기의 축 · 중합 반응에 따른 물(H_2O)이 제거된 결합이다.
- 글루탐산(Glutamic acid, 잔기의 카복실기(-COOH)과 라이신 잔기의 아미노기($-NH_2$)에서 축합 과정에 의해 제거되어 -CO-NH기로서 펩타이드결합이 된다.

- 전하의 결과로 야기된 결합이다.
- 물이나 열 반응한다.

ex) 물 분자의 H원자 2개와 O원자 1개는 극성공유 결합을 이룬다.

→ 산소는 수소원자핵이 끌어당기는 것보다 더 강하게 음으로 하전된 수소원자의 전자를 잡아당긴다.

⇒ 그 결과 산소원자는 부분적으로 음전하, 수소는 부분적으로 양전하를 띈다.

⇒ 전하의 결과로 야기된 결합이다.

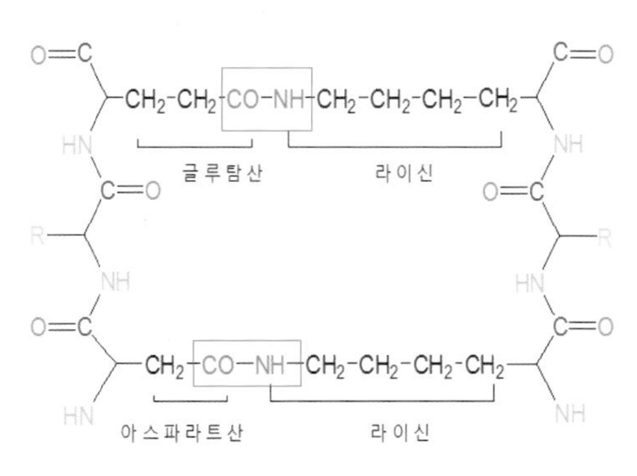

[그림 3-21] 펩타이드 결합

④ 수소결합(Hydrogen bond, C=O…HN)

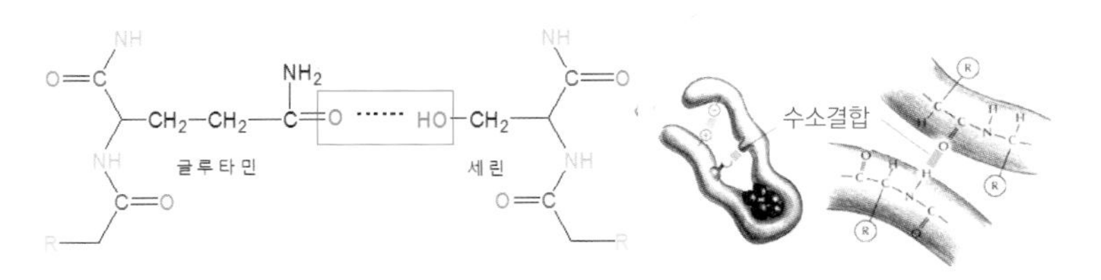

[그림 3-22] 수소결합

- 펩타이드 골격의 구성 원자들과 함께 α-나선에서는 각 잔기의 C=O와 H-N이 수소결합에 참여한다.

• 펩타이드와 그것에 인접한 카복실기 사이의 결합으로서 > C = O는 > C^{8+} = O^{8-}, N - H는 > N^{8-}-H^{8+}로서 극성을 띠므로 –CO의 O와 -NH의 H 사이에 수소결합(O⋯H)이 이루어진다.

수소결합은 일반적으로 해당 단백질 구조 내에서 가능한 모든 곳에서 만들어지며, 단백질 2차 구조를 형성시키는 역할을 한다.

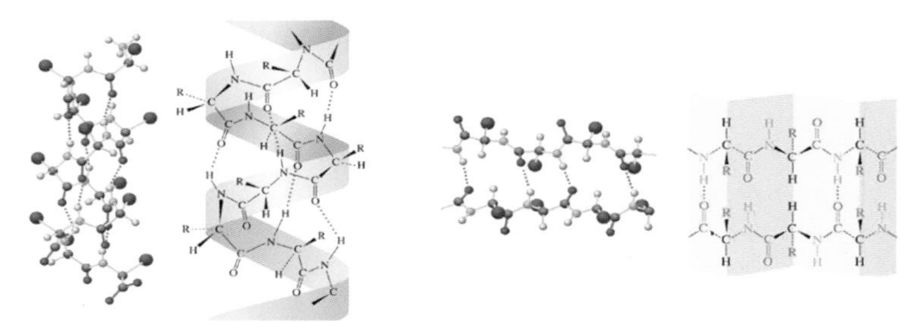

[그림 3-23] 수소결합에 의한 단백질 2차 구조

⑤ 소수성결합(Vander waals forces)

단백질의 3차 구조(Tartiary structuer)는 비극성의 곁사슬이 중심부에 파묻히는 것처럼 되고 바깥쪽에는 극성의 측쇄잔기가 둘러싸인 듯한 모양으로 결합을 이루고 있다. 극성을 띠는 물속에 비극성 기름방울을 넣으면 기름방울끼리 모이는 현상과 비슷하다.

비극성의 측쇄잔기가 주위에 둘러싸인 물로부터 떨어져 서로 모이는 작용을 일반적으로 소수성 결합이라고 한다.

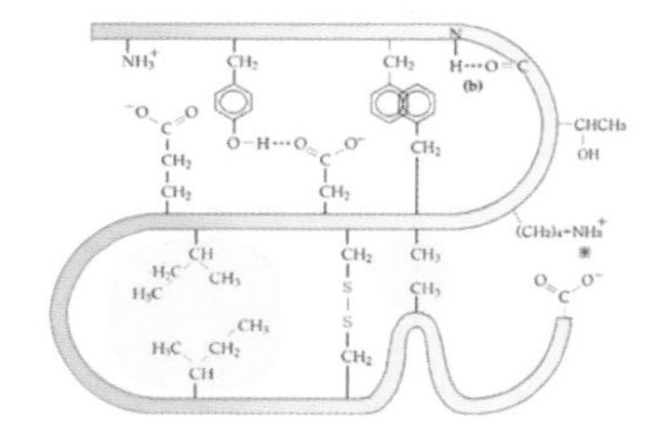

[그림 3-24] 소수성 결합

3 모수질(Medulla of Hair , M)

모수질은 중간 정도로 각질화된 입방세포로서 발달 여부를 결정하는 요인은 잘 알려지지 않고 있다. 모수질은 인간 모발 섬유의 화학적 물리적 구성에 별다른 기여를 하지 않으며 용해되기가 힘들고 비교적 적은 과학적 관심을 받았다.

모간에 있어서 최종 분화된 모수질은 응집됨으로써 딱딱하고 공포(Vacuole)가 많은 섬유 연결망(Trabecular network)을 형성, 세포막 합성 타입의 물질과 함께 묶여있다.

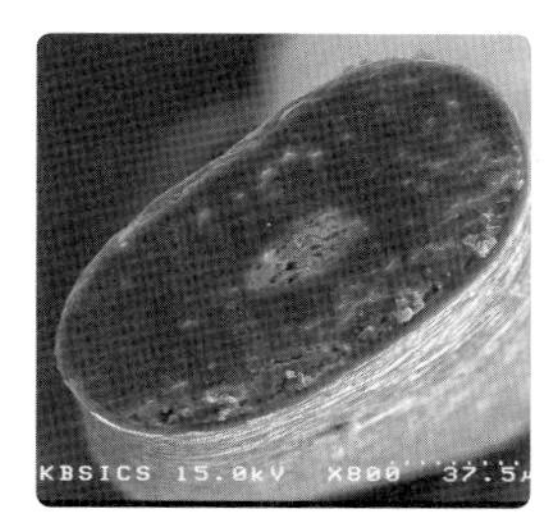

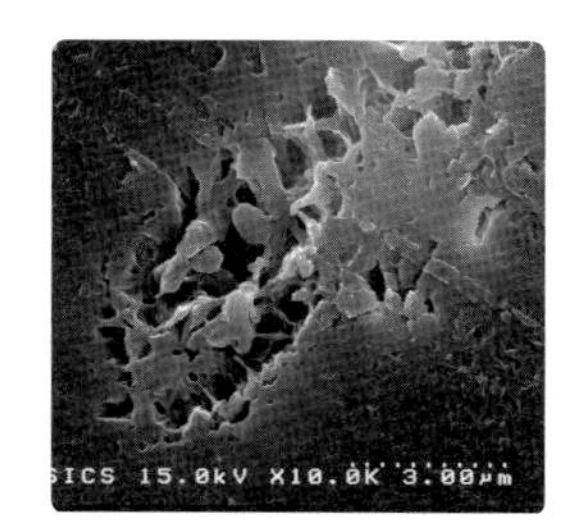

[그림 3-25] 모수질의 공공

1) 모수질의 형상

① 모수질은 완전히 없거나 섬유의 축에 계속적으로 존재하거나 계속적이지 않거나 하여 어떤 경우에는 더불어 모수가 발견되기도 한다.

② 경케라틴 다발 내에 형성된 모수질은 대나무와 유사한 규칙적인 마디를 형성하고 있다.

③ 모수질은 기계적, 화학적으로 거의 손상 받지 않으나 나이가 들수록 모수질의 크기가 커지는 현상을 나타낸다.

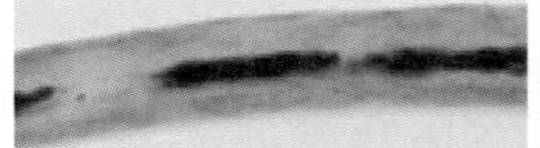

a: 검정 모발의 단편적인 모수질, b: 모수질이 없는 금발, c: 연결된 모수질의 백발

[그림 3-26] 모수질의 형태

2) 모수질의 기능

① 한생지 서식 동물털에서 약 50%를 차지함으로써 보온에 따른 공기를 함유하는 역할을 한다.

② 대나무 마디 같은 모수질의 관 구조형상은 모간에서 고립된 공공(Insulative cavity)이 메워지지 않는 힘을 발휘함으로써 빈 공동 이상의 역할을 한다.

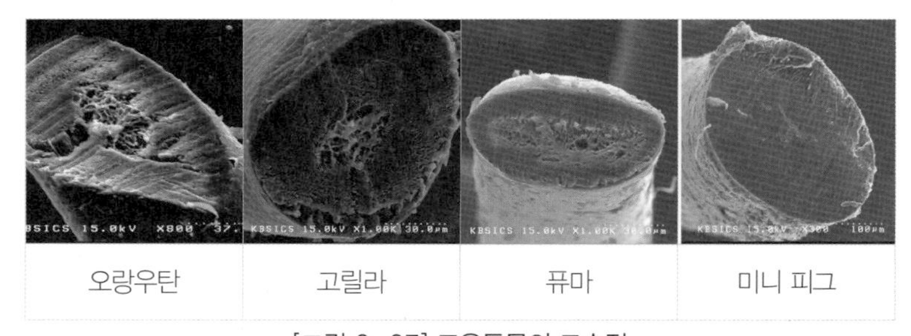

[그림 3-27] 포유동물의 모수질

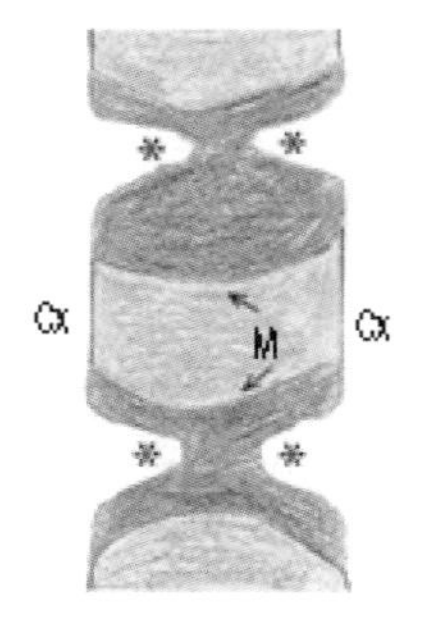

[그림 3-28] 모수질로서 돌출된 경케라틴 다발
Cx: cortex, M: medulla

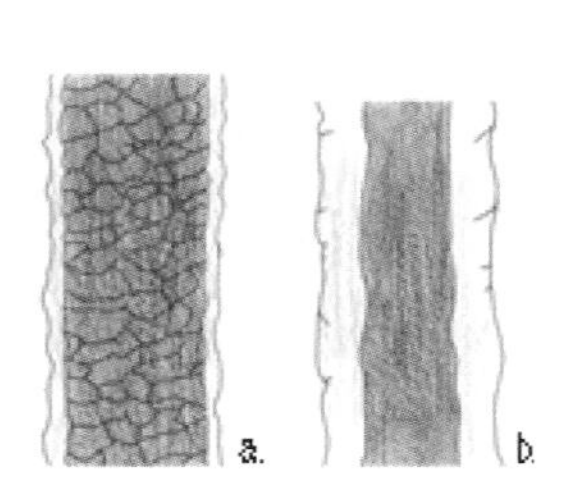

[그림 3-29] 연속상모수질
a: 격자형, b: 단순형

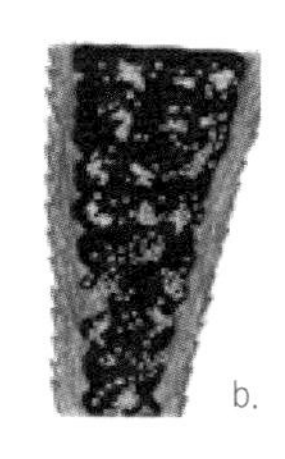

[그림 3-30] 사다리형모수질
a: 사다리형 b: 다중연속형

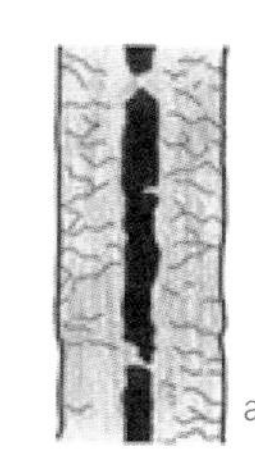

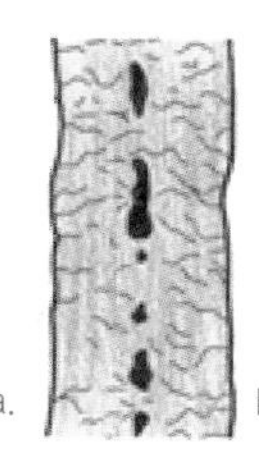

[그림 3-31] 비연속상모수질
a: 중절형 b: 분절형

모발 형태학

2 모발 형상에 따른 구조

모유두의 모기질 상피세포가 분열증식을 되풀이하여 세포를 만들며 이 세포가 밑에서 순서대로 피부 밖으로 향해 밀려나가는 것이 모발의 성장이다. 형태학적으로 인간의 두개피 모발은 모피질성 세포에 있어서는 모두 유사 하다. 모피질성 세포는 세포 중앙 가까이에 있는 작고 긴 구멍을 가졌으며 색소과립과 핵 잔존물을 포함한다.

1 이중구조(Bilateral Struture)

모발 횡단면에서 쉽게 관찰되는 피질성 세포는 오쏘와 파라, 메소 등의 뚜렷한 부분으로 분리된다.

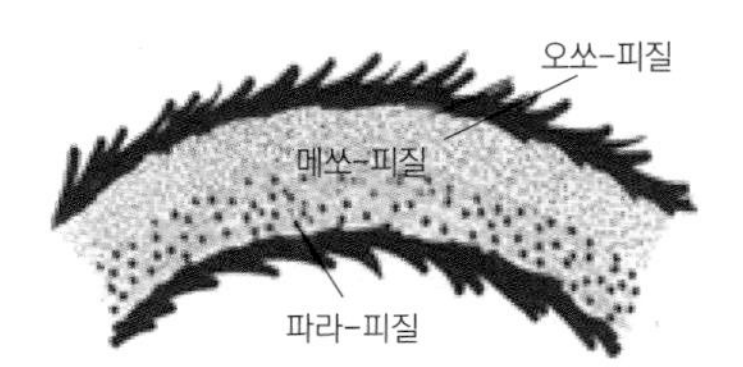

[그림 3-32] 피질성 세포

① 오쏘-피질성 세포(Artho-cortical cells)

반응의 최종 산물 형성에 필수적인 화학반응 과정 중에 만들어지는 미세한 섬유인 중간 섬유(Intermediate filaments, IF)와 황을 적게 포함(Lower sulfur)한 물질 사이에서 생성되는 낮은 간충물질을 포함한다.

② 파라-피질성 세포(Para-cortical cells)

작은 직경으로서 부드럽고 둥근 경계를 가지며 많은 황을 함유한다.

③ 메소-피질성 세포(Meso-corticle)

중심부의 피질성 세포는 과정 중에 만들어지는 중간체(Intermediate) 시스틴 물질을 가진다.

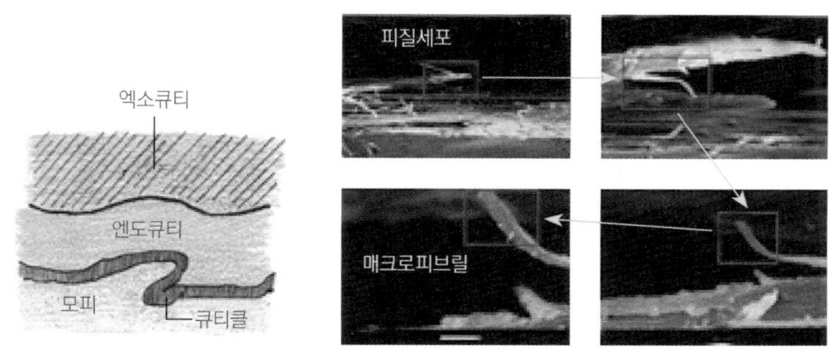

[그림 3-33] 모표피와 모피질의 구조 단위

2 공공(空孔, Void)

모발이 성장 동안에 각화되어 수분이 적어져 단단해지는 것으로서 생세포에 포함된 수분이 분산되어 없어진 자리인 빈 구멍은 섬유 내부의 내부 표면으로서 그 면적은 외부표면(겉보기 표면)보다 몇 배의 크기로 되어 있다.

1) 공공의 형상

① 전자현미경 관찰에 의하면 구멍은 가늘고 길며 크기는 각각 다르다.

② 섬유질 방향으로 늘어서 있으며 그 구멍은 전체적으로 어딘가와 연결되어 있다.

③ 간충물질에 많이 존재함으로써 섬유 단면의 10%를 차지하고 있다.

공공 TIP

모근인 제1 영역의 Top of the Buld에서 축·중합 작용에 의해 각화되어 제2 영역에 성숙모(Mature hair) 상태에서 위로 밀려(Elongate) 제3 영역(Virgin hair)인 모간이 되어 모발 섬유가 된다. 즉, 제1의 살아있는 영역에서는 물이 존재해 있다가 제2 영역에서는 물이 제거됨으로써 제거된 자리에 빈구멍(공공)이 생겨 모발을 습기 있는 곳에 두었을 때 흡습이 된다.

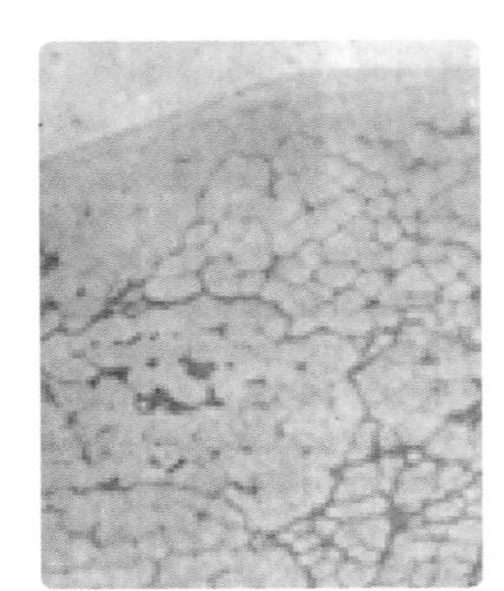

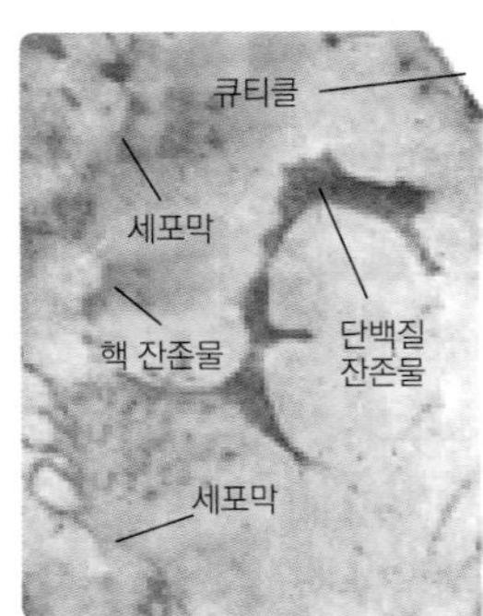

[그림 3-34] 피질의 이중구조
a: ortho-피질, b: para-피질

2) 공공의 기능

① 미용 직무(샴푸, 펌, 염·탈색 등)에서의 흡착, 팽윤 등 물리적인 현상이나 화학 반응에 중대한 역할을 하고 있다.

② 백모가 빛나 보이는 것 또한 공공의 존재에 의해 빛이 난반사하고 있기 때문이다.

3 축모와 직모(Curly Hair and Straight Hair)

축모는 직모와 비교했을 때 모발 아미노산의 구성은 비슷하나 모간에 따라서 다양한 직경을 가지고 있으며 한 개의 두발에서도 모경지수가 다름을 나타낸다.

직모의 모피질은 오쏘와 파라세포가 고른 단면이 원형에 가까운 것에 비해 축모의 모피질은 오쏘와 파라가 전체적으로 고르지 못한 단면으로 타원형의 변형을 가진다.

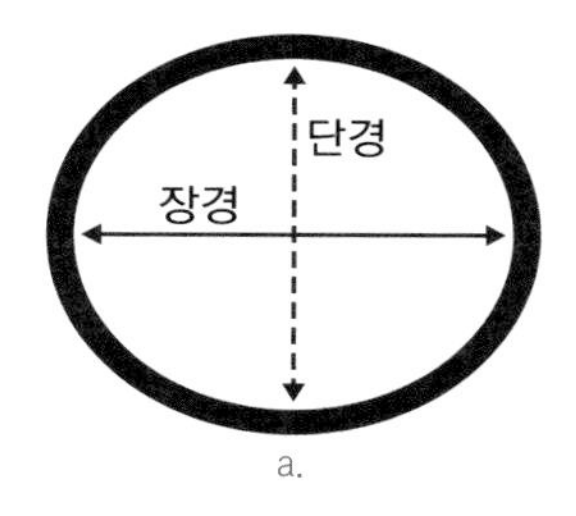

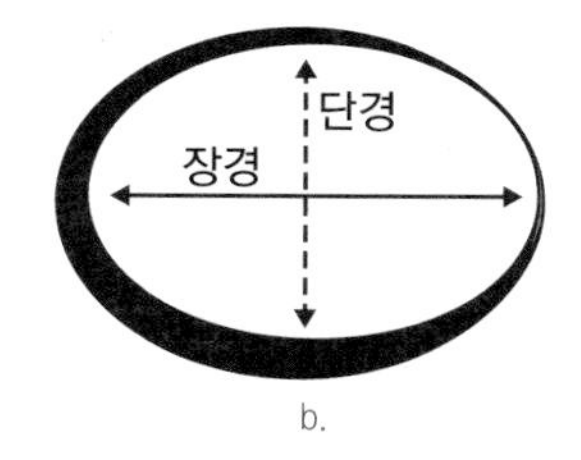

a. 직모 직경 타원율= 1.4　　　b. 파상모 직경 타원율= 1.895
[그림 3-35] 카프카스인의 직모와 파상모의 타원율

1) 축모

주사전자현미경(SEM)의 물리적 모양 검사에서 비틀린 부분의 직경은 비틀리지 않은 부분보다 매우 작음을 나타낸다.

- 축모의 모표피는 장축의 끝에서 6~8층이고, 단축의 끝은 비늘층이 하나에서 둘 줄어든 변화되기 쉬운 두께를 가졌다.
- 모발 직경에서 변화의 다양성을 가진 축모는 다양한 지점에서 비틀림(Twisted)을 가진다.
- 오쏘세포와 파라세포의 기울기가 원인으로서 모발 자체 길이에서 뒤틀림(Crimp)이 일어나기도 한다.
- 축모는 직모보다 오쏘세포의 비율이 더 높게 함유되어 있다.

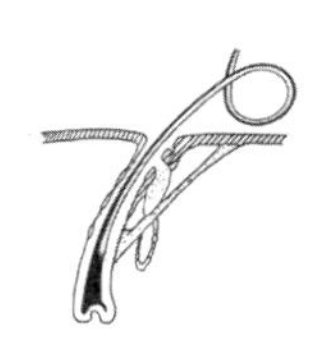

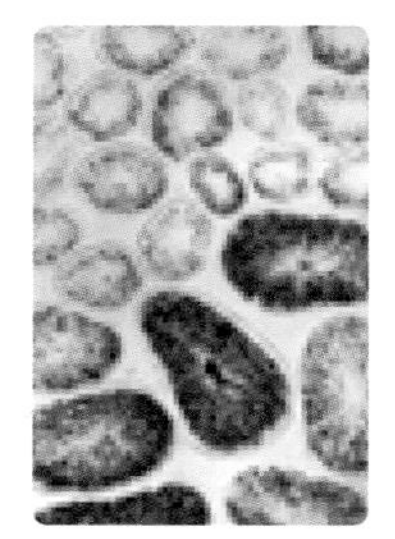

a: 모낭 내 이중구조, b: o,p-피질의 구조, c: 권축의 확대 그림
[그림 3-36] 바이라테랄 구조

[그림 3-37] 여러 두발의 단면

2) 직모

모표피는 6~8개 층이 두껍다. 직모는 오쏘 세포와 파라 세포가 전체적으로 섞여 조화된 구조로 되어 있으며 단면이 원통형에 가깝다.

[그림 3-38] 직모와 축모

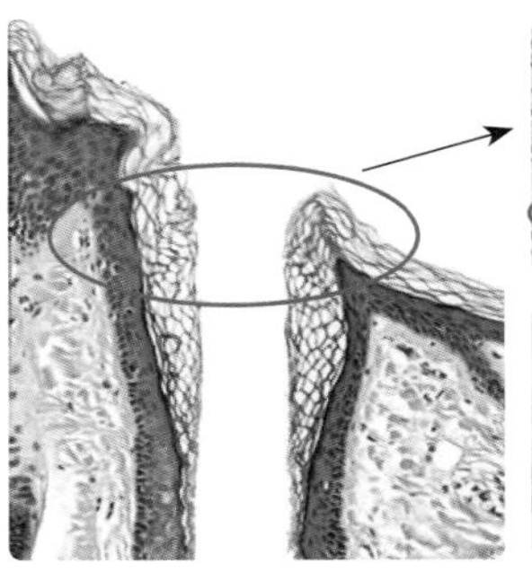
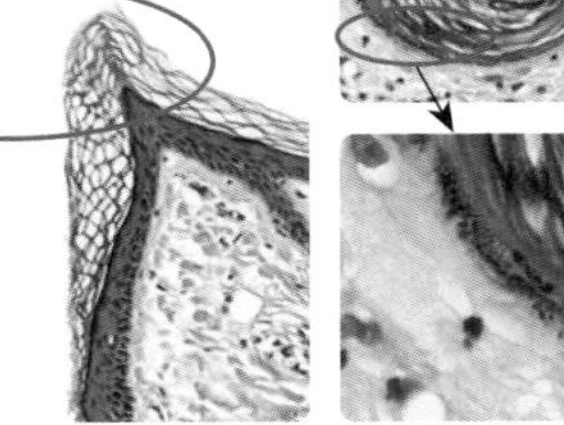

[그림 3-39] 모낭의 누두상부 구조

[그림 3-40] 축모에 대한 빗질

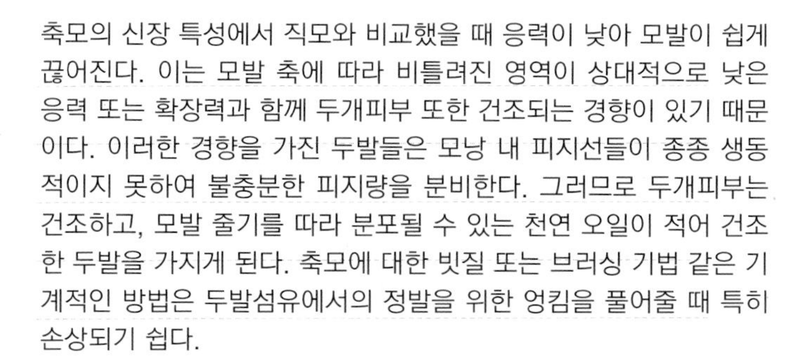

알아두기

축모의 신장 특성에서 직모와 비교했을 때 응력이 낮아 모발이 쉽게 끊어진다. 이는 모발 축에 따라 비틀려진 영역이 상대적으로 낮은 응력 또는 확장력과 함께 두개피부 또한 건조되는 경향이 있기 때문이다. 이러한 경향을 가진 두발들은 모낭 내 피지선들이 종종 생동적이지 못하여 불충분한 피지량을 분비한다. 그러므로 두개피부는 건조하고, 모발 줄기를 따라 분포될 수 있는 천연 오일이 적어 건조한 두발을 가지게 된다. 축모에 대한 빗질 또는 브러싱 기법 같은 기계적인 방법은 두발섬유에서의 정발을 위한 엉킴을 풀어줄 때 특히 손상되기 쉽다.

모발 형태학

모발색 Natural Hair's Color

모발색의 결정 TIP

모발색은 멜라닌 유형과 양에 의해서 결정된다.

① 모유두와 모근 상피세포 사이에 있는 색소형성세포의 활성에 의해서 결정
- 색소형성세포의 수적 감소는 28~42세(갈색모로 변함)
- 색소형성세포의 수적 증가는 13~20세(Darkening)로서 금발, 적색, 밝은 갈색 컬러 등의 모발이 현저하다.

② 유전에 의해서 결정
- 백모-어떤 유형의 멜라닌도 함유하지 않는다.
- keratin의 실제 색은 무색투명

③ 모발의 두께

④ 색소과립의 크기와 양

멜라닌 색소 양과 분포에 따라 모발색은 결정된다. 이는 모발의 기본 색조(Underlying pigment)로서 모구부 내 색소형성세포가 생성하는 멜라닌 소체 분포에 의한다. 때에 따라서는 색소형성세포 특히 외모근초의 색소형성세포가 기능 저하에 의해 노화성 백모가 되기도 하나 색조모로서 그러나 노화성 백모는 다시 회복되는 경우도 있다.

1 백모

색소형성세포의 기능 저하는 그 원인이 후천적 영향으로서 각 개체 해당 유전인자에 의하여 조절된다. 두개피 모발이 몸의 다른 부위 모발에 비해 빨리 희게 되는 까닭은 다른 부위보다 상대적으로 생장기 모발의 비율이 높기 때문이다. 모발이 피부에 비해 색소형성세포 생장기 증식력이 빨라 모발 색소형성세포는 모발의 생장기 동안 멜라닌을 최대한 증식 생산하므로 쉽게 노화된다.

1) 백모발생

백모 발생 과정은 점진적인 진행으로 색소형성세포 수의 감소 또는 멜라닌 소체를 만드는 활성도의 저하로 인해 모기질(Matrix) 및 모피질에서 멜라닌 색소가 사라지게 됨을 나타낸다.

① 노화성 백모(Poliosis)

- 머리털이 조기 백발화되는 증상이다.
- 색소형성세포 수가 감소 된다.
- 멜라닌 소체를 만드는 활성도의 기능이 저하된다.
- 나이가 듦에 따라 멜라닌 색소의 결핍으로 인하여 회색(Graying) 모발이 되어간다.
- 생화학적으로 도파퀴논에서 타이로시나제 활동저하와 대사산물의 축적물이 백모, 즉 새치를 발생시킨다.
- 유전적 요인에 있다.
- 멜라닌 세포의 성장발달 및 소멸에 관한 유전적으로 결정된 내재적 시계(Internal clock)를 가지고 있다.
- 개인 또는 인종에 따라 발생시기가 다르다.
- 세포소멸(Apotosis) 억제 기능을 담당하는 Bcl – 2 유전자가 비활성화된다.
- 백모에는 멜라닌세포 자극 호르몬(Melanocyte stimulatiog hormone, MSH) 결합부가 부재 되어 있다.

② 병적 백모(Alabino)

머리털이 회색 또는 백색인 백모증(Canities)으로서 알비노는 피부와 모발에 색소가 없다.

2) 백모발생 및 진행

① 백모 발생시기

- 초발 연령 또는 가족력과의 관계로서 초발 연령이 빠른 경우 가족력을 갖는다.
- 신체 부위의 모발 중 턱수염에서 가장 먼저 백모가 나타난다.

- 액와부, 음부, 흉부의 모발은 연령이 증가하더라고 쉽게 백모가 생기지 않는다.

② 백모 진행

임상적으로 양빈에서 시작하여 곡과 포로 진행된다. 백모의 초발 부위 및 다발부위 모두 두개 측두부에 가장 많이 형성된다.

알아두기

축모의 신장 특성에서 직모와 비교했을 때 응력이 낮아 모발이 쉽게 끊어진다. 이는 모발 축에 따라 비틀려진 영역이 상대적으로 낮은 응력 또는 확장력과 함께 두개피부 또한 건조되는 경향이 있기 때문이다. 이러한 경향을 가진 두발들은 모낭 내 피지선들이 종종 생동적이지 못하여 불충분한 피지량을 분비한다. 그러므로 두개피부는 건조하고, 모발 줄기를 따라 분포될 수 있는 천연 오일이 적어 건조한 두발을 가지게 된다. 축모에 대한 빗질 또는 브러싱 기법 같은 기계적인 방법은 두발섬유에서의 정발을 위한 엉킴을 풀어줄 때 특히 손상되기 쉽다.

멜라닌의 종류 TIP

① 유멜라닌
- 일반적 유형으로 질소(N)를 함유한 흑갈색의 불용성 색소(Brown~black)이다.
- 생성기전 유멜라닌은 도파(Dopa)에서 유도된 인돌 중개산물(Indole intermediate)의 산화 중합반응(Oxidative poly merization)으로부터 생성된다.
- 생성과정 : 타이로신효소(Tyrosinase)의 작용에 의한다.

2 색조모(Pigment Hair)

사람마다 모발색의 독특함은 멜라닌 색소의 유형과 분포량에 의한다. 이렇듯 형성된 멜라닌의 유형과 분포량 등의 요인은 사람마다 독특한 모발색을 드러내며 모발의 두께, 색소과립의 총 개수와 크기를 나타내는 농도, 유멜라닌과 페오멜라닌의 비율 등으로서 모발색의 결정은 3가지 요인으로 작용된다.

[표 3-1] 모발색의 범위]

등급	자연 모발 등급 (depth level)	기여색소 (underlying pigment)	모발색 (natural hair's color)
10	매우 밝은 금발 (Very light blonde)		
9	밝은 금발 (Light blonde)		
8	중간 금발 (Medium blonde)		
7	어두운 금발 (Dark blonde)		
6	밝은 갈색 (Light brown)		
5	중간 갈색 (Medium brown)		
4	어두운 갈색 (Dark Brown)		
3	아주 어두운 갈색 (Barkest brown)		
2	갈색을 띤 검정색(Brownish block)		
1	검정 (Black)		

TIP 유채색(색소)

색소의 농도(채도)에 따라 색감의 강도나 선명도에 차이가 있다. 또한 농도에 따라 밝고 어두움(명암)에 차이가 난다.

ex)

- 농도가 가장 낮다(흰색)
- 가장 밝다. 선명도가 약하다.
- 농도가 중간이다(회색)
- 색감의 밝기와 선명도가 중간이다.
- 농도가 가장 높다 (검은색)
- 가장 어두우며, 선명도가 가장 강하다.

알아두기

색소형성은 멜라닌 생성과정의 여러 단계를 나타낸다. 우선 노란 색소가 형성되고 그다음에 어떤 효소가 노란 색소를 붉은 색소로 변화시키며 다른 효소가 그 붉은 색소를 검정 색소로 변화시키게 된다. 모든 사람이 멜라닌 과립을 이렇게 전체적은 색 분광에 따라 바꿀 수 있는 능력을 갖춘 것이 아니듯이 어떤 사람들은 검정 색소만을 만들어낸다. 이들은 검정 색소를 얼마나 생성해내는가에 따라 짙은 갈색이 포함된 검정 모발을 지니게 된다. 한편 다른 사람들은 오직 붉은 색소나 노랑 색소만을 생성할 수 있기 때문에 금발이나 붉은 모발을 가지게 된다.

1) 색조모의 결정요인

유 및 페오멜라닌 외에 모발색의 발현에 있어서 나이 또한 모발색을 결정시키는 결정적 요인이 된다.

① 모발의 두께

멜라닌 색소를 포함하는 모피질(Melano protein)이 두꺼우면 모발 두께가 굵어지며, 색소세포가 많아진다.

② 멜라닌 색소의 농도

색소 과립의 총 개수에 따른 크기와 양에 의해 결정된다.

③ 유와 페오멜라닌의 비율

유멜라닌(Eumelanin)의 비율이 페오멜라닌(Pheomelanin)의 비율보다 높을 때 모발색은 어두워진다.

2) 색원물질(Chromophores)

우리들의 눈을 통해 보이는 색은 색소를 스스로 발현시키는 색원물질 때문임이 명확하듯 멜라닌 함유량에 의해서 결정되는 모발색은 두 종류 멜라닌의 총량과 개별적 또는 혼합된 유멜라닌과 페오멜라닌의 비율로서 사람마다 각기 다른 결과색을 나타낸다.

어두운 모발은 밝은 모발보다 상당히 많은 멜라닌을 함유하고 있다. 그러나 검정 모발은 모발 구성물질 중 총 3~4% 정도로서 유멜라닌 색소 입자 크기에 의해 결정된다. 대조적으로 붉은 모발은 색소 분자가 아주 작으며 불규칙한 모양으로 형성되어 있기 때문에 발산되는 색이다.

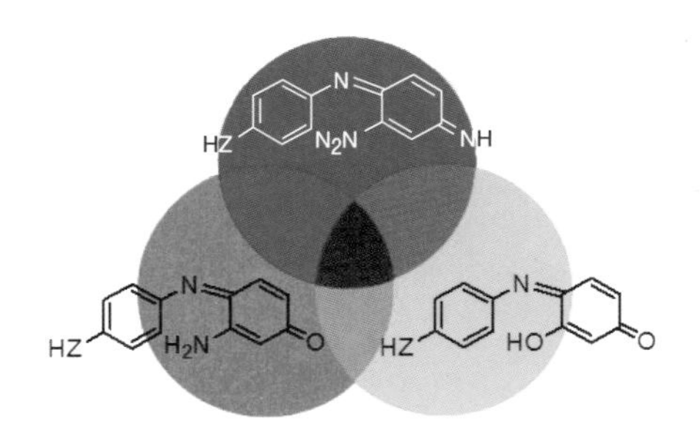

[그림 3-41] 3원색의 색원 물질

① 모발색의 범주

모발색은 색조인 명도(Lightness)와 색상(Hue of color)을 가진다. 즉 밝음과 어두움, 차가움과 따뜻함이 갖는 색조와 빨강, 노랑, 파랑이 갖는 색상은 어둡거나 밝거나 중간색을 나타내는 범주를 가진다.

② 모발색조의 균형

색조의 균형으로서 노랑 30%, 빨강 20%, 파랑 10% 이루어짐으로써 모발은 색조 비율농도에 따라 갈색이나 금색 등이 된다. 이러할 때 모든 자연 모발색은 위와 똑같은 비율에서 기본색 모두를 균형 있게 함유하고 있다.

3 모발색 생성(Mechanism of Natural Hair's Color)

두발 색상은 염색 후 착색력, 색상보유 기간, 광택, 손상도, 시술 방법 등의 조건을 요구시키기도 한다.

흑·적·혼합멜라닌 색소의 전구체인 타이로신은 타이로시나제 효소가 산화·환원반응을 통해 유와 페오 색소과립인 멜라닌을 만들어 낸다.

1) 유와 페오의 메카니즘

색소, 금속단백질로 구성된 멜라닌은 물에 용해되지 않는 색소단백질로서 모발에 색상을 부여하며 모유두에서 생성된 아미노산인 타이로신은 멜라닌의 전조제로서 방종형을 가진다.

유멜라닌(Eumelanin)과 페오멜라닌(Pheomelanin)의 생화학적 기전은 타이로신에서 도파퀴논(DOPA-Quinone)까지의 반응경로는 같다.

멜라닌 색소 TIP

① 유멜라닌
- SEM상에 나타나는 구조를 길이 0.8~1.2㎛, 두께 0.3~0.4㎛이다.
- 입자형 색소는 흑갈색모를 나타낸다.
- 모피질이 얇고, 모표피는 두꺼운 형태를 가진 흑색~적갈색 모발에 두드러지는 색상이다.

② 페오멜라닌(Pheomelanin)
- 분사형색소(Diffuse Pigments)는 서양인의 적색~노란색모를 만든다.
- 모피질이 두껍고 모표피는 얇은 형태를 가진 브라운에서 금발색까지 다양한 모발 색상을 나타낸다.

① 도파퀴논은 두 가지 경로로 반응이 진행된다.
- 도파크롬(DOPA-Chrome)에서 5,6-하이드록시인들(5,6-Hydroxy lindole)이라는 경로를 거쳐 흑갈색의 유멜라닌을 생성하는 경로이다.
- 도파퀴논이 케라틴 단백질에 존재하는 시스테인과 결합한 후 적갈색의 페오멜라닌을 생성하는 경로가 있다.

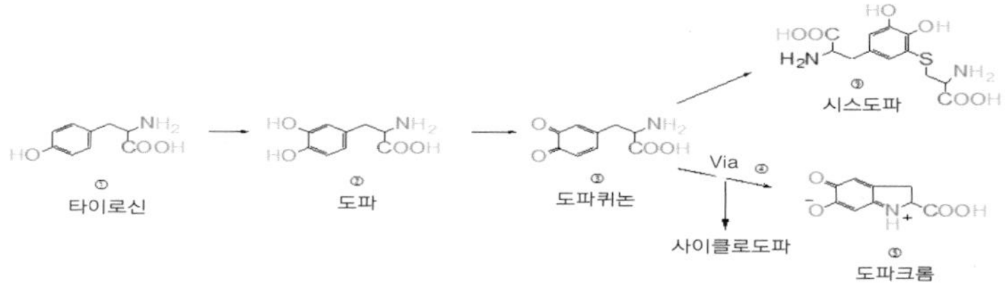

[그림 3-42] 멜라닌 발생

② 멜라닌은 색소를 생성하는 세포에서 발견되는 특정한 효소의 조절을 받는다.

③ 색소를 형성해 내는 능력 또한 현존하는 색소에 의해 결정되며 그 사람의 유전정보 인자(DAN, Genome)에 의해 나타난다.

알아두기

아시아, 에스키모, 아메리카, 인디언들의 두발은 강한 직모(Straight hair)이며, 아프리카인들은 축모(kinky hair)로서 대부분 흑멜라닌을 가졌지만 백인들은 다양한 모질과 색상으로서 흑멜라닌 또는 혼합멜라닌을 가졌다. 이처럼 자연 모발색상을 드러내는 2가지 멜라닌 색은 동일하게 보일 수 있다. 하지만 두발의 미세구조 속에서 색소형성세포에 의해 생성되는 멜라닌 구조 및 생성과정에 의한 색소분포는 사람마다 모질에 따라 달라질 수밖에 없다.

그러므로 세상 모든 삶은 어둡거나 중간 또는 밝은색의 다양한 범주인 명도, 채도 등을 가진 자연 모발에 기여 색상을 갖고 있다. 즉 멜라닌은 자연색소(Natural pigment)로서 모발에서의 모든 기여 색소(Contribution pigment)인 깊이(Depth), 색조(Tonality), 강도(Intensity)를 가진다. 깊이는 색의 밝기(Lightness of color) 및 어둠(Darkness of color)운 정도를 나타내는 척도인 명도(明度)이다. 모발색은 흑, 갈, 적, 금발, 백색 등 여러 가지 색이 있지만, 이 색들은 피부색과 같이 멜라닌 색소 합성의 정도에 따라 결정된다. 멜라닌 색소는 모발을 착색시킬 뿐만 아니라 두개피부를 과도한 자외선으로부터 보호하는 중요한 역할도 하고 있다.

모발 형태학

모발 구성 성분과 작용

모발의 구성성분 TIP

- 모발단백질 80~85%
- 수분 10~15%
- 멜라닌 색소 3~4%
- 지질 1~9%
- 미량원소 0.6~1% 등이 복합된 형태로 존재한다.

모발의 펩타이드 결합(CO−NH Bond)을 기단위로 축합 중합체인 단백질로 구성되어 있다.

[그림 3−43] 헤테로 폴리머의 생성 경로

1 주성분(Keratin)

약 18종의 아미노산으로 구성된 모발케라틴 중 알칼리성 아미노산인 히스티딘, 라이신, 아르기닌(1 : 3 : 10)은 다른 단백질에는 볼 수 없는 특유의 비율을 갖고 있다.

모발 내 14~18% 함유한 측쇄결합인 시스틴은 모발에서의 가소성(Hair set)이라는 특유 성질인 양구세트력을 나타낸다.

[표 3-2] 형태학적 아미노산 조성식(㎛ol amino acid/g dry protien)

아미노산	모표피	모피질	모수질
글리신(glycine)	611	485	300
라이신(lysine)	–	217	740
알라닌(alanine)	–	374	400
로이신(leucine)	418	516	700
아이소로이신(isoleucine)	184	249	130
프롤린(proline)	994	667	160
아스파라트산(aspartic acid)	287	449	470
트레오닌(threonine)	524	664	140
세린(serine)	1,400	1077	270
아르기닌(arginine)	360	529	120
히스티딘(histidine)	–	76	100
시스테산(cysteic acid)	68	29	–
시스틴(cystine)	2,102	1461	–
메티오닌(methionine)	38	53	40
타이로신(tyrosine)	132	184	320
페닐알라닌(phenylalanine)	91	142	–
글루탐산(glutamic acid)	819	1011	2,700
발린(valine)	634	499	320

2 지질(Sebum)

모발 지질에는 피지선에서 분비된 피지와 피질세포 자신이 가지고 있는 지질을 함유하고 있다. 그러나 두 종류의 지질 구별은 어려우므로 양자를 일괄해서 모발 피지로서 취급하고 있다.

피지선에서 분비된 피지는 후에 모발에 부착(일부는 모발 내부에 침투)된 것으로써 모발 본래의 성분이 아닌지도 모른다.

[그림 3-44] 두개피부의 피지

1) 피지

피지의 분비량과 조성은 내부 요인인 연령, 성별, 인종, 호르몬 등과 외부 요인인 온도, 마찰 등에 의해 영향을 받는다. 따라서 이들 개인차는 크다.

- 일반적으로 피지의 분비량은 전체적으로 하루 1~2g 정도이다.
- 피지선은 두개피부에 가장 많이 분포되어 있고 그 수는 1㎠당 400~900개(경모 173개 정도) 정도로서 모낭 내 부속 피지선을 갖고 있다.
- 조성 분석의 일례에서 유리지방산(56%)과 중성유지분(44%)으로 되어있다.

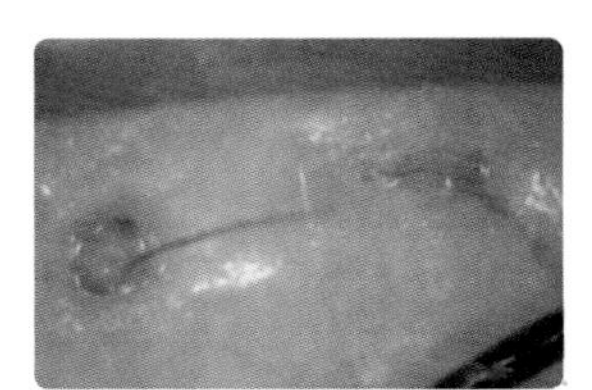
[그림 3-45] 피지

2) 피지막

피지는 피부, 모낭에 항상 존재하며 미생물의 효소 리파아제 작용에 의해 중성지방 일부가 가수분해되어 유리지방산과 글리세린으로 된다.

- 피지막은 땀과 모낭 중의 성분과 혼합하여 W/O형의 유액상이 되어 피부와 모발 표면에 넓고 얇은 지방막인 피지막을 형성한다.
- 피지막은 피지 중의 유리지방산과 땀의 유산, 아미노산 등에 따라

pH4.5~6.5인 약산성을 띤다.

- 일반적으로 피부의 pH라고 하는 것은 피부 자체 pH를 나타내는 것이 아니라 피부막이 갖는 pH이다.

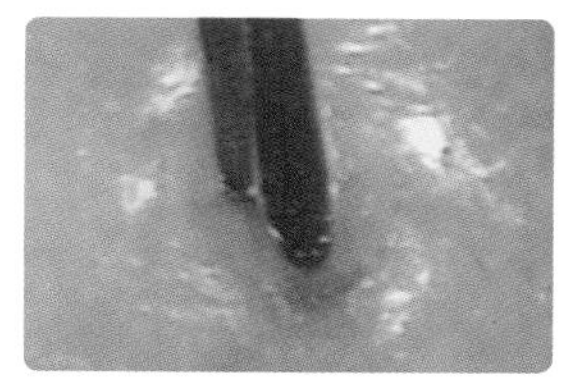

[그림 3-46] 피지막

3) 지성 두개피부와 건성 두개피부

> 지성 또는 건성 두개피부의 큰 차이는 피지막에서 분비되는 피지량의 대·소에 따라 그 차이가 있다.

피지분비량이 많으면 많을수록 모발 겉표면 부분에 부착되어 있는 양이 많게 되어 심리적으로 모발 역시 지성화 된다. 그러나 모발 내부에서의 모피질은 유성 성분이 많지 않다.

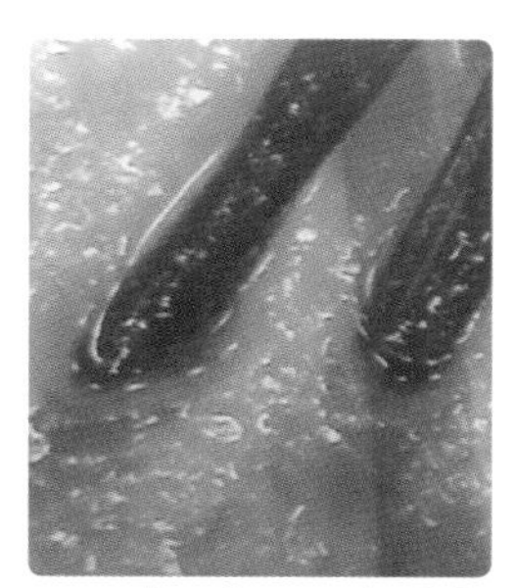

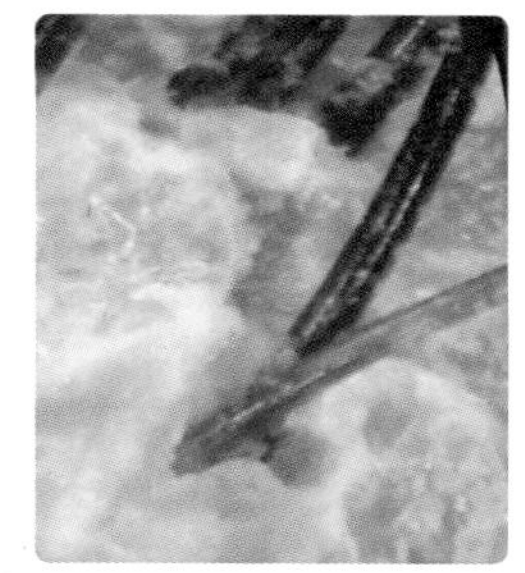

[그림 3-47] 지성 두개피부와 건성 두개피부

4) 피지 분비의 특징

- 흑인은 백인보다 피지가 많이 분비된다.
- 기온이 높게 되면 피지가 많이 분비된다.
- 마찰은 피지 분비량을 증가시킨다.
- 당분, 지방분이 많은 음식물은 피지 분비를 증가시킨다.
- 피지 분비량은 유아기에 많고 유아, 소년기에 감소하며 사춘기에

많아진다.

- 성인 여성은 연령과 함께 피비 분비가 감소하지만, 남성은 극단적으로 감소하지는 않는다.
- 남성 호르몬의 영향에 의해 여성보다 남성쪽이 피지 분비가 많다.
- 황체 호르몬의 영향으로 월경 전에는 피지가 많이 분비된다.
- 피지 중의 콜레스테롤과 스쿠알렌의 양은 성인이 아이의 4배이다.
- 피지 중의 파라핀계 탄화수소의 양은 성인 여성보다 성인 남성이 또한 성인 여성보다 남자 아이가 많다.

피지분비량	대	중	소
증상	지성비듬이 발생되며 모누두상부가 막히며, 광택이 있고 부드럽지 않으며 쉽게 더러워진다.	적당한 유분과 습기로 윤기와 탄력이 있고 부드럽다.	건조비듬이 발생, 건조하며 광택이 없고 기모, 절모가 된다.

3 미량 원소(Trace Elements)

모발 중의 미량 금속에 관한 특정 방법은 혈액과 뇨의 검사와 같이 체외 물질대사 이상을 관찰한다. 이는 약물 투여나 직업병 등을 예견할 수 있는 지표가 되기도 한다.

[그림 3-48] 나폴레옹

알아두기

모발 미량원소의 구성은 모발용 화장품과 수돗물 등 미량원소 종류와 양이 외부에서 흡착에 의한 것인지, 체내에서의 축적에 의한 것인지? 또는 모기질상피세포 분열증식의 불가분 성분으로서 필연적으로 존재하는 것인지를 엄밀하게 구별하는 것은 불가능하다.
나폴레옹(Napoleon Bonaparte, 1769~1821) 사망에 불신을 안고 유발을 분석한 결과 통상보다 100배 이상의 비소(Arsenic, As)가 검출되었다. 나폴레옹 측근에서는 미량 비소화합물을 장기간 복용해서 독살되었다는 설과 함께 모발 중 미량원소 분석은 공해 문제로 크게 부각된다. 특히 수은(Mercury, Hg), 카드뮴(Cadmium, Cd), 납(Lead, Pb) 등은 유해한 금속의 체내 축적량을 조사하는 방법으로서 널리 이용되고 있다. 메틸 수은을 투여한 동물 실험에서 수은은 다른 기관에는 그다지 축적되지 않고 모기질 상피세포에 집중적으로 보내져 분열 증식함으로써 모세포 내로 모이게 된다는 보고와 함께 모발은 적극적으로 수은 등의 유해금속을 체외로 배출하는 역할이 있음을 나타낸다.

① 금속 함유에 따른 모발색

모발 케라틴은 금속과 쉽게 결합하는 산성기를 가지고 있기 때문에 세정용 화장품, 두발용 화장품, 세정수, 땀과 환경에서 오는 먼지 등이 함유된 금속 이온을 흡수한다.

- 백발 – 니켈(Ni)이 포함되어 있다.
- 황색모 – 타이타늄(Ti)이 포함되어 있다.
- 적색모 – 철(Fe), 몰리브덴(Mo)이 포함되어 있다.
- 흑갈색모 – 구리(Cu), 코발트(Co), 철(Fe) 등이 포함되어 있다.

② 모발 케라틴의 금속친화기

메캅탄기(-SH), 설폰산기($-SO_3H$), 카복실기(-COOH) 등이 금속 이온을 흡수한다.

③ 모발 케라틴의 외부 흡착 금속

칼슘(Ca), 마그네슘(Mg), 소듐(Na), 포타슘(K) 등을 모표피 표면에서 흡착되는 금속이다.

4 수분

모발 중 수분은 피부의 경우처럼 중요한 역할을 한다. 유연함, 광택, 통풍, 잡아당길 때의 강도, 정전기량 등 모발이 갖는 기계적 성질과 미용상 특성에 의해 크게 영향을 받는다. 따라서 수분의 측정은 일정한 온도(25℃), 습도(65%) 하에서 행해지지 않으면 정확한 결과를 얻을 수 없다.

① 모발에는 수분을 흡수하는 성질에 보통 상태의 공기 중에서도 10~15% 수분을 함유하고 있다.

② 세발 직후 30~35%, 블로 드라이어로 건조시켜도 10% 전후의 수분이 남는다.

③ 수분량은 외부환경 조건에서 습도가 높으면 수분 함유량이 높아지지만, 온도가 높으면 낮아지게 된다.

④ 모발은 손상도가 크면, 수분 보유력이 약화되어 수분량이 적어지게 되므로 수분량은 모발손상을 나타내는 표준이 되기도 한다.

- 수분량이 10% 이하가 되면 건조모가 된다.
- 건조모에 수분을 보충할 경우 정상 모발보다도 흡수량은 더 크게 된다.

5 멜라닌 색소

인체 변화에 있어서 가장 뚜렷한 변화를 줄 수 있는 모발 색상은 개개인의 유전적 요인과 환경 및 인종, 모발 성장 패턴에 따라 다양하다.

요약

1. 모표피는 모피질성 세포의 집단으로서 상표피와 세포간물질로 나뉜다. 상표피는 에피·엔도·엑소 큐티클로 구성되며, 모피질은 결정영역과 비결정 영역으로 구분된다. 결정영역은 공유결합으로서 축·중합된 폴리펩타이드 사슬 → a-헬릭스 → 프로토필라멘트 → 마이크로필라멘트 → 매크로필라멘트 순으로 구성된다. 비결정영역은 5가지 결합인 시스틴 결합, 염결합, 수소결합, 펩타이드결합, 소수성 결합을 구성함을 살펴볼 수 있다. 모수질은 공공으로 구성되며, 한랭지 서식 동물털에서 약 50%를 차지함으로 보온에 따른 공기를 함유하는 역할을 한다.

2. 모발 형상은 바이라테랄 구조로서 오쏘, 파라, 메소, 파질성 세포로 구성되며, 구성물의 위치에 따라 축모와 직모의 형태를 나타낸다.

3. 백모는 색소형성세포 수의 감소 또는 멜라닌 소체를 만드는 활성도의 저하로 인해 무기질 및 모피질에서 멜라닌 색소가 사라지게 되거나 노화성 백모와 같이 나이에 의해 생성되는 현상이다. 색조모는 멜라닌의 유형과 분포량, 모발의 두께, 색소과립의 총 갯수와 크기를 나타내는 농도, 유 · 페오 멜라닌의 비율 등으로서 최종 결과색상(Target color)이 된다.

4. 모발색은 색원물질에 의해 색조의 균형으로서 노랑 30%, 빨강 20%, 파랑 10%로 이루어지며, 색조인 명도와 색상을 가진다.

5. 생화학적으로 유멜라닌과 페오멜라닌의 기전은 타이로신에서 도파퀴논까지의 반응경로는 같다. 도파퀴논은 두 가지 경로로 도파크롬에서 5.6-하이드록시인돌에서 유멜라닌의 경로와 도파퀴논이 케라틴 단백질에 존재하는 시스테인과 결합한 후 적갈색의 페오멜라닌을 형성한다.

6. 모발은 단백질 80~85%, 멜라닌 3~4%, 지질 0.6~1%, 수분 0~15%, 미량원소 0.6%의 성분으로 구성되어 있다.

연습 및 탐구문제

1. 모표피를 구성하는 상표피와 세포간 물질에 관해 설명하시오.
2. 모피질은 결정영역과 비결정영역을 아미노산 구조식을 통해 구조화하고 논하시오.
3. 바이라테랄 구조가 갖는 축모에 대해 설명하시오.
4. 모발색은 백모와 색조모로 구분하여 메카니즘을 통해 도식화한 후 설명하시오.
5. 색원물질과 색균형에 대해 비교한 후 설명하시오.
6. 모발 구성성분에 대해 구분하고 설명하시오.

참고문헌

1. 모발관리학, 류은주 외 4, 청구문화사, 1996, pp 37~46, 59~70
2. HAIR COLORING, 류은주, 청구문화사, 2001 pp 32~42, 43~44, 55~67
3. 모발학, 류은주 외 4, 광문각, 2002, pp 48~55, 59~109, 142~149
4. Permanent Hair Wave Theory, 류은주 외 1, 이화, 2003, pp 13~20
5. 모발미용학개론, 류은주 외 1, 이화, 2004, pp 46~55, 60~64
6. 모발생물학, 은희철 외, 서울대학교출판부, 2004, pp 111~124
7. 인체모발 형태학, 류은주, 김종배, 이화, 2005 pp 37~110, 126~160
8. 두개피육모관리학, 한국모발학회, 이화, 2006, pp 88~105, 112~123
9. TRICHOLOGY, 류은주 외 2, 트리콜로지, 2008, pp 51~60
10. 모발미용학의 이해, 류은주 외 4, 신아사, 2009, pp 73~106
11. 고등학교 헤어미용, 류은주 외 4, 서울특별시교육청, 2010, pp 26~32
12. 염·탈색 미용교육론, 류은주 외 1, 한국학술정보(주), 2012, pp 32~37, 52~60

모발의 특성

생물에서부터 출발한 모발은 화학적, 물리적 성질을 가진 과학적 물질이다. 모발의 기본적인 특성과 물, 열 그리고 화학적 용제인 반응성 화장품과 두개피 화장품에 대한 이해를 요구시킨다.

동물성 천연섬유인 모발은 18종의 아미노산으로 구성된 케라틴 단백질이다. 아미노산은 탄소(50.65%), 질소(17.14%), 산소(20.85%), 수소(6.2 6%), 유황(5%) 등과 미세원소들로 조합되어 모발 특유의 형태구조와 성질을 나타낸다.

건강모인 정상모발에서의 카복실기와 아미노기의 수가 똑같지 않듯이 젖어있는 상태의 정상모발 역시 양이온과 음이온의 수가 같지 않다. 즉, 중성보다 약간의 음전하를 띰은 방출된 양이온수소(H^+)의 역할 때문이다.

모발의 특성

모발의 화학적 성질

화학으로 조성된 인간의 몸은 탄소(C), 산소(O), 수소(H), 질소(N), 황(S), 인(P) 등 6가지 원소가 95% 이상을 차지하며, 그 외 칼슘(Ca)을 비롯한 10여 종류의 필수 무기원소로 구성되어 있다. 이러한 원소 중 탄소, 수소, 산소는 유기질을 구성하며, 질소는 단백질, 칼슘은 뼈 및 치아 형성과 근수축, 혈액응고 그리고 호르몬 생산 등에 관여한다. 또한 포타슘과 소듐은 신경전도와 근수축 과정에 필수적으로 이용되고 있다. 이러한 단계는 세포의 생명현상으로서 유기화학 반응 이라고 불리는 화학반응을 만들어 낸다.

개요

인체를 구성하는 모발 단백질은 아미노산으로 구성되어 있고 이들 아미노산은 원소로 구성된다. 화학물질로 조성된 인체는 C, H, N, O, S, P 등 6가지 원소가 95% 이상을 차지하며, 그 외 10여 종의 필수 무기원소로 구성되어 있다. 이러한 물질은 생명현상이라 불리는 유기화학적 화학반응을 만들어낸다. 이 장에서는 모발 아미노산을 모발 생체원소와 모발 아미노산, 모발 pH로서 살펴볼 수 있다.

학습 목표

1. 모발 생체원소에서는 화학반응, 가전자, 구조식으로 나누어서 말할 수 있다.
2. 모발을 구성하는 아미노산은 18종으로서 이를 산성, 염기성, 중성 아미노산으로 분류하여 구조화할 수 있다.
3. 모발 단백질 구조의 축·중합과정을 구조식으로 도식화한 후 결정·비결정으로 나누어 설명할 수 있다.
4. 모발 pH는 아미노산 구조식을 통해 설명할 수 있다.

주요 용어

생체원소, 가전자, 오비탈 구조, 아미노기, 카복실기, 핵산, 양이온, 음이온, 전자성, 결사슬, 산성·중성 아미노산, 극성, 비극성, 등전점

01 모발 생체원소

지구상의 모든 물체는 원소(Element)로 이루어져 있으며 현재 92종의 자연 원소와 17종의 인공 원소가 있다. 생물체는 이 중 20여 종의 생체원소(Bioelement)로 이루어져 있다.

인체를 구성하는 모발단백질(Keratin)은 아미노산(Amino acid)으로 구성되어 있고 이들 아미노산은 C, H, O, N, S 원소로 구성된다.

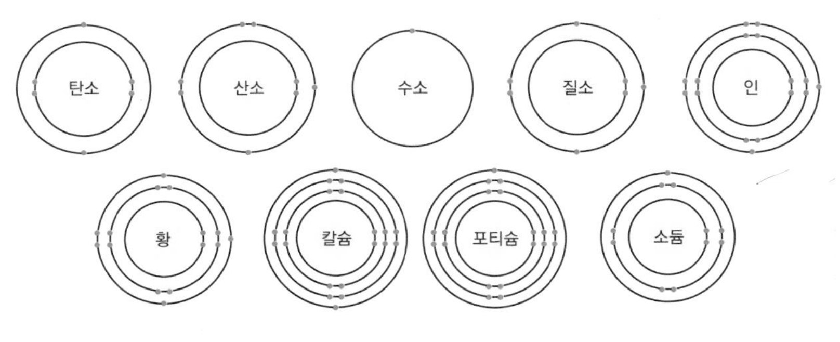

[그림 4-1] 원자

생체원소 중 H, O, C, N, Ca, P 등 6종류가 대부분으로서 생물체에는 C, H, O, N 등 4가지 원소가 약 96%를 차지한다. 반면 지각(地殼)을 구성하는 원소 함량은 O를 제외한 C, H, N은 1%에 불과하다.

생물체를 이루고 있는 C, H, O, N 원소는 다른 원소와는 달리 다양한 생체 분자를 구성하기 위해 전자를 쉽게 공유하는 공유결합을 가진다.

원자(Atom) TIP

- 원소의 특징을 가진 작은 입자(Piece)로서 원소의 구조적인 단위이다.
- 원소의 특성을 나타낼 수 있는 최소한의 단위로서 26개의 영어 알파벳으로 표시한다.
- Atom = Atomos 그리스어 "보이지 않음"의 의미가 있다.

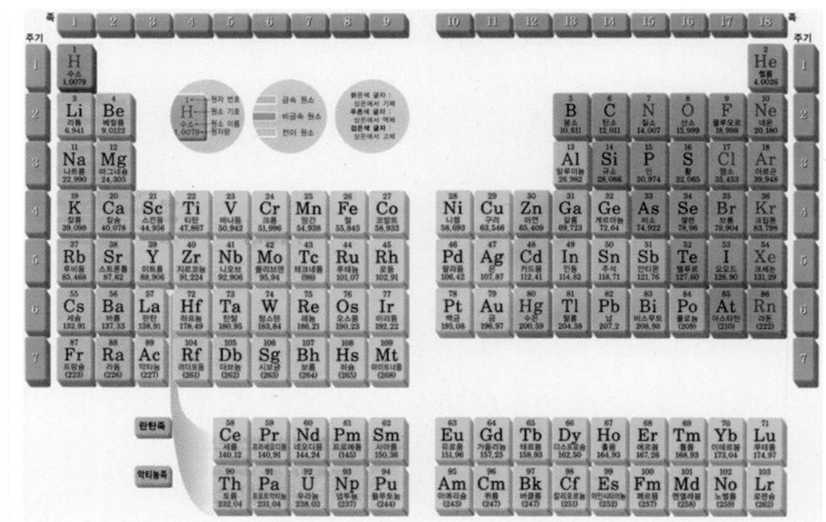

[그림 4-2] 주기율표

1 화학반응

가전자(價電子)의 주고받기가 중심이 된다.

- 양이온 – 최외각에 있어서 전자의 주고받음에 의해 가전자를 방출한다.
- 음이온 – 최외각의 전자를 받아들여 안정화한다.

TIP

1) 원자의 질량수 (Mass number) 양성자수 ÷ 중성자수
2) 원자번호 (Atomic number) 양성자수
3) 원자는 전기적으로 중성, 즉 양성자수 = 전자수

2 가전자

> 가전자 수는 그 원자의 화학적 성질과 깊은 관계가 있다. 각각의 원자일지라도 가전자 수가 동등한 원자들은 성질 역시 유사하다.

전자가 가지는 에너지는 원자핵에 근접할수록 낮고 안정되며 가장 바깥의 원자각에 존재하는 전자를 최외각전자 또는 가전자라고 한다.

3 구조식

C, H, O로 이루어진 3가지 원소는 특히 세포 무게의 약 99%를 이룬다.

C, N, O는 2중 결합(=)을 가지나 C는 3중 결합(≡)도 할 수 있는 다양하고 안정된 분자종(分子種)을 형성한다. 이러한 원소들로부터 아미노산, 단백질, 탄수화물, 지방과 다른 형태의 생체 분자들을 만든다. 이와 같이 모발 단백질 역시 예외이지 않다.

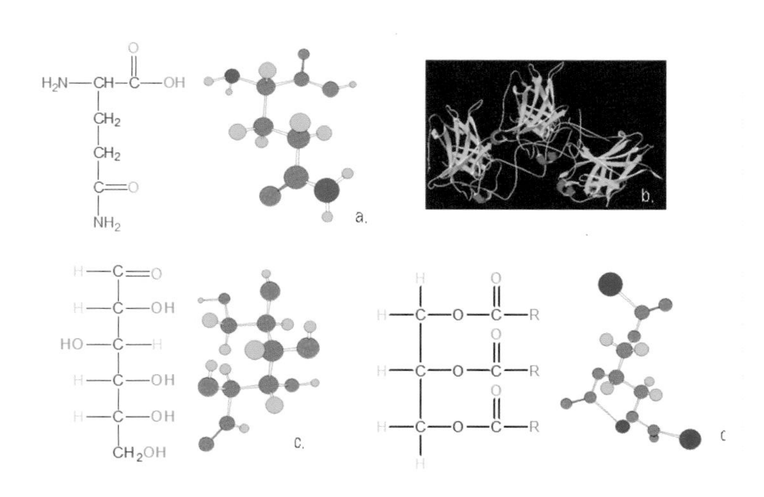

a: 탄수화물(포도당), b: 지질(미리스틱산)
c: 아미노산(글루타민), d: 핵산(티민)

[그림 4-3] 탄소원자의 여러 가지 구성 분자

1) 탄소(Carbon, C)

여러 가지 물리 · 화학적 성질로서 지구환경에서는 탄소화합물이 생물로 진화하는데 가장 좋은 조건을 갖추고 있다. 그 결과 생물계와 무생물계라는 본질적인 차이를 가져왔다.

화합물의 종류 TIP

① 유기화합물
(Organic Compound)
C(51%), H(6%), O(21%), N(17%), S(5%)로서 C를 포함하는 화합물을 유기화합물 즉, 유기물질이라 한다.
② 무기화합물
(Inorganic Ompound)
탄소를 포함하지 않는 화합물을 무기화합물, 즉 무기물질이라 한다.

- 탄소는 쉽게 H, O, N과 함께 강하고 안전한 공유결합을 형성한다.
- 탄소는 2S와 2P 궤도인 오비탈(Orbital)로부터 쉽게 전자를 잃지 않음으로써 쉽게 이온화되지 않는 다른 원소들과의 전자쌍을 공유하는 공유결합(Covalent bonds)을 형성한다.
- 최대 4개의 다른 원자들과 결합, 수백만의 다른 물질을 만들 수 있는 특수한 성질을 가졌다.

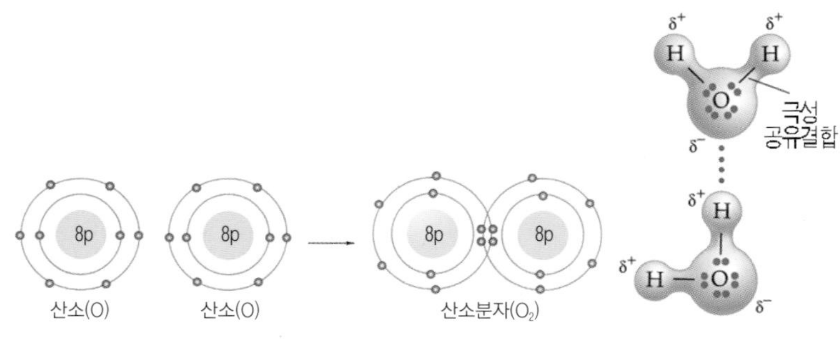

[그림 4-4] 공유결합

[그림 4-5] 수소결합

2) 수소(Hydrogen, H)

- 수소는 결합을 형성할 수 있는 전자가 1개밖에 없으므로 오직 단일 결합만으로 생체를 형성하여 수소결합에 참여한다.
- 세포 내에서 전자 이동 과정에 관여한다.

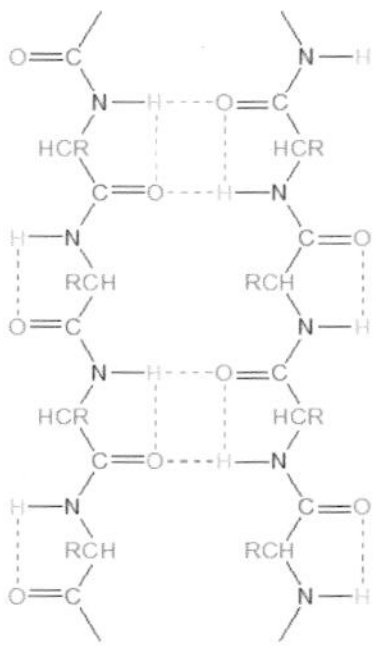

[그림 4-6] PC에서의 수소결합

3) 산소(Oxygen, O)

> 산소는 전기음성도(Electronegative)가 큰 원소이다.

산소는 특이한 성질로서 특수 결합과 같은 수소결합에서 기초가 된다. 생체세포 내에서 에너지 생산 동안 최종 전자 수용체로서 작용한다.

4) 질소(Nitrogen, N)

> 질소는 유전 정보를 보존하고 전달하는 분자인 핵산(Nucleic acid)을 구성하는 데 사용된다.

질소는 펩타이드 결합을 형성하기 위하여 탄소와 결합하기 때문에 생명 기관에서는 중요한 원소이다.

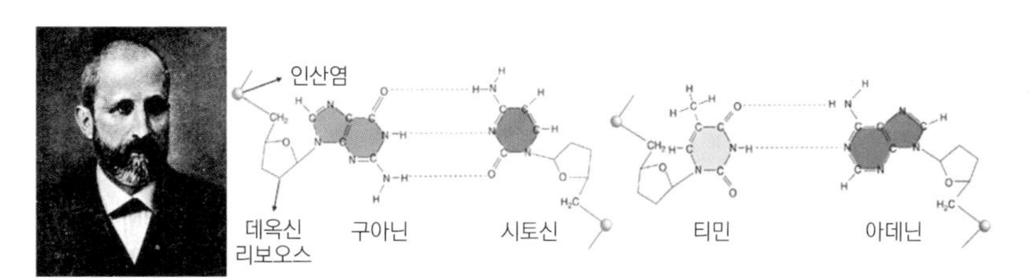

[그림 4-7] 미셔와 핵산

알아두기

자연계의 물질

공간을 차지하고 감각으로 인식되는 자연계는 물질로 구성되어있다. 물질은 지구상의 모든 것으로서

① 무게와 부피를 가진다.

② 물질은 한 가지 이상의 원소(106종)들로 구성되어 있다.

- 원소는 모든 물질을 구성하는 기본 단위로서 원자(Atom)로 구성된다.
- 원자는 원소로서의 특징을 나타내는 최소한의 단위이다.
- 화학적 방법으로 더는 단순화할 수 없는 순수한 물질이다.
- 생물체의 필수 원소는 C, H, O, N, S이다.
- 생명체에 필요한 6대 원소는 C, H, O, N, S, P이다.

물질을 기계적으로 세분화하여 보면 물질 각각의 성질을 소유하는 최소단위가 분자(Molecule)이며, 분자를 다시 화학적으로 분해하면 여러 개의 원자(Atom)로 나누어진다. 원자는 양(+)전하를 갖는 원자핵과 음(-)으로 된 전자(Electron)로서 원자를 구성한다. 전자들이 지닌 음(-)전하의 총합은 원자핵이 지니고 있는 양(+)전하와 같다. 그러므로 원자는 전기적으로 중성이라고 볼 수 있다.

02 모발 아미노산

아미노산은 한 개의 아미노기(–NH_2)와 한 개의 카복실기(–COOH)를 갖는 양성 전해질이다. 아미노기(–NH_2)는 암모니아(NH_3)와 마찬가지로 수소이온(H^+)과 결합하여 –NH_3^+로 전리되고 –COOH기는 수소이온을 해리하여 COO^-로 전리한다.

1 아미노산의 전자성(Electron Property of Amino Acid)

모발을 구성하는 아미노산의 현상은 다음과 같다.

1) 중성용액에서의 아미노산

중성 용액에서의 아미노산 구조 중 아미노기(–NH_2), 카복실기(–COOH)는 다 같이 전리된 상태인 양(正, +), 음(負, –)의 양성 전하를 동시에(그림 b) 같는 쌍극(극성)이온이다. 극성을 띤 쌍극이온(Zwitter ion)에 산(H^+)을 가하면 –COOH기는 수소이온과 결합하여 전하을 잃은 양이온(그림 a)이 된다. 이때 알칼리(OH^-)를 가하면 –NH_3 수소이온을 잃고 음이온(그림 c)으로 된다.

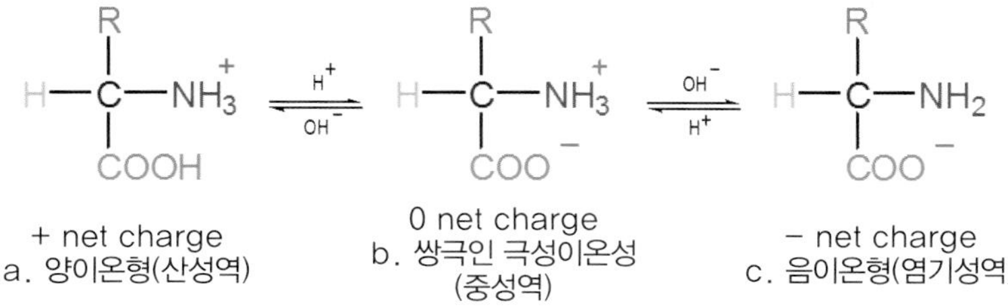

$$H-\underset{COOH}{\overset{R}{C}}-NH_3^+ \underset{OH^-}{\overset{H^+}{\rightleftharpoons}} H-\underset{COO^-}{\overset{R}{C}}-NH_3^+ \underset{H^+}{\overset{OH^-}{\rightleftharpoons}} H-\underset{COO^-}{\overset{R}{C}}-NH_2$$

+ net charge
a. 양이온형(산성역)

0 net charge
b. 쌍극인 극성이온성
(중성역)

– net charge
c. 음이온형(염기성역)

[그림 4-8] 아미노산의 전자성

이온 TIP

- 전기적으로 평형을 유지하지 않는, 즉 전하를 띠는 원자이다.
- 원자가 전자를 잃게 되면 전하를 띠게 되는 원자를 이온이라 한다.
- 원자나 분자와 같은 미립자에 (+)또는 (-)의 전기적 성질을 띠는 것이다.

2 모발의 이온화

아미노산은 산이나 염기로 이온화할 수 있는 기를 가졌다.

중성용액 영역인 쌍극 이온형에서 양·음전하를 이룸과 동시에 아미노산 용액의 pH를 등전점(Isoelectric point)이라 한다.

1) 양이온(Cation)

양전하를 띠는 이온으로써 전자를 잃은 원자는 양전하를 띤다. 이온화하여 쌍극 이온형일 때 실제 전하는 0이 된다. 전하가 0일 때 곁사슬 기능기(R기)가 먼저 이온화된 후에 $\alpha\text{-}NH^{+}{}_{3}$가 이온화된다. 이는 원자와 원자단이 전하(電荷)를 가질 때 이온이 됨을 뜻한다. 원자가 전자를 잃게 되면 전하를 띤다. 그 입자는 전자 부족에 의해 양전하를 가지는 양이온이 된다.

2) 음이온(Anione)

전자를 얻는 원자는 음전하를 띠는 음이온이 된다.

3) 중성이온

아미노산 기본구조식 내 원자단(COOH, NH_2)은 가역적 이온화 반응으로서 카복실기의 양성자(H^+)는 용액상에서 쉽게 잃어버리는 공여체가 되며, α-아미노기는 양성자로 받아들이는 수여체가 된다.

단일 아미노기(Monoamino)와 단일 카보닐기(Monocarboxyl)일 때 낮은 pH에서 그 염기성상 $^{+}H_3NCHRCOOH$이 된다.

pH6보다 클 때 카복실기로부터 양성자를 잃고 전기적으로 중성으로서 쌍극 이온성인 $^{+}H_3NCHRCOO^{-}$이 생성된다. pH가 더욱 높아지면 제2의 양성자를 잃고 아미노산은 pH에 따라 $H_2NCHRCOO^{-}$가 생성 이온화될 수 있다.

3 모발의 이온종

주쇄 내의 R기를 갖는 아미노산은 pH에 따라서 또 다른 하나의 이온종(Ionic species)을 가진다.

1) 중성아미노산

- 유리(遊離)된 아미노산은 중성 pH에서 카복실기는 음전하를 아미노기는 양전하를 띤다.
- 겉사슬에 전기를 띠지 않는 아미노산은 중성 용액에서 전하를 띠지 않는 쌍성 이온으로서 존재한다.
- 쌍성이온은 양전하와 음전하를 같은 크기로 갖기 때문에 수용액에서는 전기적으로 중성이 된다.

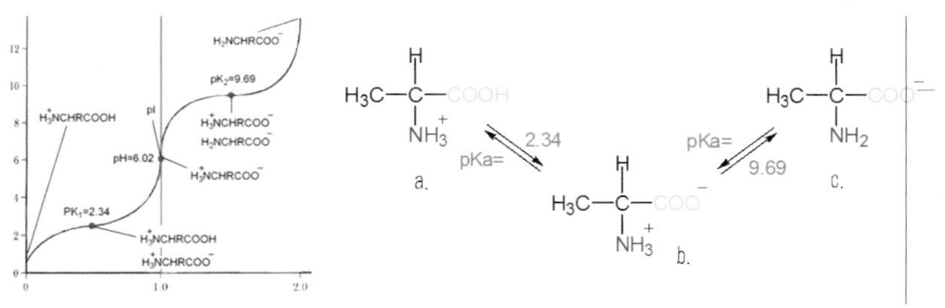

a: 양이온형, b: 쌍극이온형, c: 음이온형

[그림 4-9] 알라닌의 적정곡선에 따른 이온화

4 아미노산의 분류

모발 단백질은 글리신, 알라닌, 발린, 로이신, 아이소로이신, 트레오닌, 세린, 시스테인, 메티오닌, 아스파라긴, 글루탐산, 타이로신, 라이신, 아르기닌, 히스티딘, 페닐알라닌, 트립토판, 프롤린 등 아미노산 서열을 통해 구성된다.

아미노산은 곁사슬 양성화합물로서 하나의 분자 중에 산소 원자단의 카복실기와 알칼리성 원자단의 아민기를 포함한다.

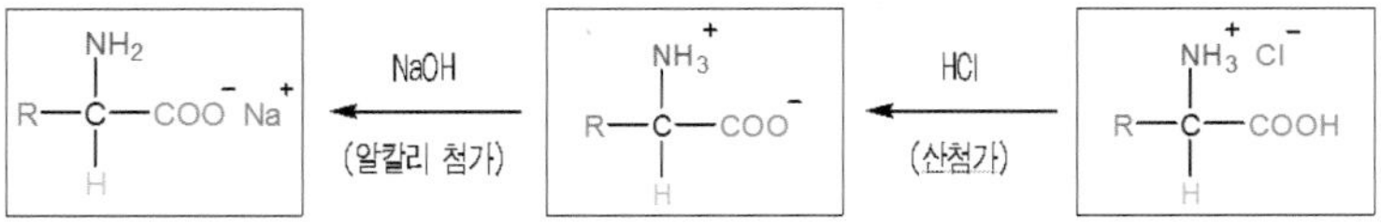

$R-C(NH_2)(H)-COO^-Na^+$ ← NaOH (알칼리 첨가) ← $R-C(NH_3^+)(H)-COO^-$ ← HCl (산첨가) ← $R-C(NH_3^+Cl^-)(H)-COOH$

[그림 4-10] 아미노산의 전자성

1) 산성아미노산(Acid amino acid)

곁사슬 분자 속에 카복실기를 갖는 산이 강한 아미노산이다. 카복실기는 하나의 양자를 잃고 카복실 음이온(COO^-)을 갖는 아스파라트산, 글루탐산 등이 있다.

2) 염기성아미노산(Basic amino acid)

곁사슬 분자 속에 아미노기를 갖는 염기성이 강한 아미노산이다. 물이 있는 환경으로부터 양성자를 받아들여 양(+)이온을 갖는 라이신, 아르기닌, 히스티딘 등이 있다.

3) 중성아미노산(Neutral amino acid)

일반적으로 단백질에서 발견되는 20개의 아미노산 가운데 중성 아미노산에서도 소수성기를 가진 비극성과 친수기를 가진 극성으로 나눌 수 있다.

아미노기와 카복실기를 각각 1개씩 가지고 있는 중성 아미노산은 용액 속에서 쉽게 전자를 띠지 않는다.

① 극성(친수성) 아미노산

전기적으로 중성인 극성 곁사슬을 갖는 이 아미노산은 전하를 띠지 않는 극성 곁사슬을 갖는다.

글리신, 세린, 트레오닌, 시스테인(½시스틴), 아스파라긴, 글루타민, 타이로신은 단백질 분자 외부로 돌출되어 물과 접촉하는 대부분의 친수성 아미노산으로서 음전하를 띤 산소 원자를 갖고 있다.

- 음전하를 띤 친수성 아미노산인 아스파라트산과 글루타민산은 수용액 속에서 양성자를 잃어버림으로써 물 분자와 결합을 한다.
- 수소결합에 관여하는 극성기는 $-H^{+}$, -OH, 세린, 타이로신, 트레오닌 등이 있다.

② 비극성(소수성) 아미노산

대체적으로 단백질은 물이 있는 환경에 존재하나 소수성 아미노산은 물과 많이 떨어져 있는 단백질 분자의 내부에서 발견된다. 아미노산의 중요한 특징 중 하나는 그들의 삼차원적 구조 즉 입체화학(Stereo chemistry)을 구성시킨다.

- 알라닌, 발린, 페닐알라닌, 아이소로이신, 로이신, 트립토판, 메티오닌, 프롤린 등은 중성 아미노산 가운데 비극성을 가진다.
- 비극성 아미노산은 물에 조금 녹는 성질이 있다.
- 소수성 단백질 분자의 구성단위로서 용적과 구조에 중요한 역할을 한다.
- 프롤린은 단백질 사슬에서 비틀림이나 굽힘에 중요한 역할을 한다.

5 모발 단백질

> 케라틴 단백질을 만들고 있는 아미노산에는 기본식 외에 측쇄결합을 하고 있다. 기본식은 탄화수소를 중심으로 분자 내에 각각의 아미노기(-NH_2) 1개와 카복실기(-COOH) 1개를 가지고 있다. 곁사슬(측쇄)의 원자단에 아미노기와 카복실기가 없는 것을 중성아미노산이라 하며, 아미노기만 있는 것을 염기성아미노산, 카복실기만 있는 것을 산성아미노산이라 한다.

단백질은 아미노산의 축합중합체로서 구조식에 따라 특징적인 성질은 갖는다. 이는 기본구조식을 중심으로 주쇄의 곁가지 잔기(Side Chain)인 원자단의 기능기(Residue, R)를 가진다.

[그림 4-11] 단백질의 3차원 구조

[표 4-1] 아미노산 종류에 따른 성질과 조성

종류 / 원자단	아미노산	아미노산 구조식		조성(%)
지방족 탄화 수소 R 원자단	글리신	$NH_3^{\oplus}-CH(CO_2^{\ominus})-H$		4.1~4.2
	알라닌	$NH_3^{\oplus}-CH(CO_2^{\ominus})-CH_3$		2.8
	발린	$NH_3^{\oplus}-CH(CO_2^{\ominus})-CH(CH_3)-CH_3$		5.5~5.9
	아이소로이신	$NH_3^{\oplus}-CH(CO_2^{\ominus})-CH(CH_3)-CH_2-CH_3$		4.8
	로이신	$NH_3^{\oplus}-CH(CO_2^{\ominus})-CH_2-CH(CH_3)-CH_3$		6.4~8.3
수산기 R 원자단	트레오닌	$NH_3^{\oplus}-CH(CO_2^{\ominus})-CH(OH)-CH_3$		7.4~10.6
	세린	$NH_3^{\oplus}-CH(CO_2^{\ominus})-CH_2-OH$		4.3~9.6
두 개의 염기	라이신	$NH_3^{\oplus}-CH(CO_2^{\ominus})-CH_2-CH_2-CH_2-CH_2-NH_2$		1.9~3.1
	아르기닌	$NH_3^{\oplus}-CH(CO_2^{\ominus})-CH_2-CH_2-CH_2-CH_2-NH-C(=NH)-NH_2$		8.9~10.8
	히스티딘	$NH_3^{\oplus}-CH(CO_2^{\ominus})-CH_2-C=CH-NH-CH=N$ (고리)		0.6~1.2
	시트룰린	$NH_3^{\oplus}-CH(CO_2^{\ominus})-CH_2-CH_2-CH_2-NH-C(=O)-NH$		–
두 개의 산기	아스파라긴산	$NH_3^{\oplus}-CH(CO_2^{\ominus})-CH_2-CO_2H$		3.9~7.7
	글루탐산	$NH_3^{\oplus}-CH(CO_2^{\ominus})-CH_2-CH_2-CO_2H$		13.6~14.2
헤테로 R 원자단	프롤린	CH_2-CH_2, CH_2, $CH-CO_2^{\ominus}$, $^{\oplus}H-N-H$ (고리)		4.3~9.6
	트립토판	(인돌 고리, NH)$-CH_2-CH(NH_3^{\oplus})-CO_2^{\ominus}$		0.4~1.3

황을 포함한 R 원자단	시스틴	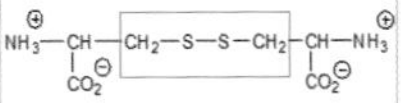 $NH_3^{+}-CH(CO_2^{-})-CH_2-S-S-CH_2-CH(CO_2^{-})-NH_3^{+}$		16.6~18.0
	메티오닌	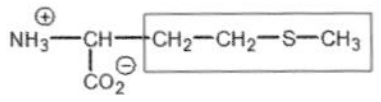 $NH_3^{+}-CH(CO_2^{-})-CH_2-CH_2-S-CH_3$	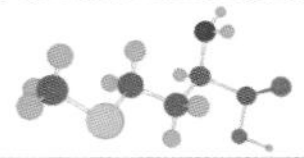	0.7~1.0
	시스테인	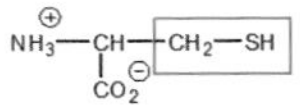 $NH_3^{+}-CH(CO_2^{-})-CH_2-SH$	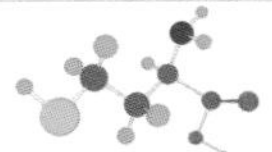	–
	시스테산	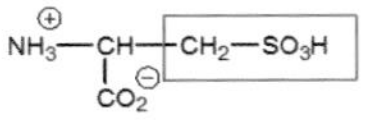 $NH_3^{+}-CH(CO_2^{-})-CH_2-SO_3H$	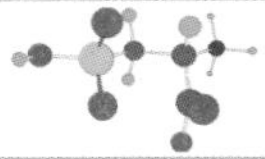	–

03 모발의 pH

모발 아미노산의 기본구조식 내 아미노기와 카복실기와의 축중합은 폴리펩타이드 결합인 주쇄이다. 이 주쇄결합의 잔기는 측쇄 결합으로서 측쇄 간에 상호 연결되어 있다.

모든 아미노기와 카복실기가 폴리펩타이드 결합 또는 염결합을 하고 있을 때 모발 pH는 4.5~5.5이다. 이 값의 범위에서 염결합은 가장 안정됨으로써 이를 모발의 등전점(Isoelectron point)이라 한다.

[표 4-2] 모발의 pH

종류		pH (등전점)	분자량 (Mr)	아미노산의 pKa값	
				u-COOH	α $-NH_3^{+}$
산성 (2개)	아스파라트산 (Aspartic Acid, ASP, D)	2.8	115.1	2.09	9.82
	글루탐산 (Glulamic Acid, Glu, E)	3.2	129.1	2.19	9.67

종류		pH (등전점)	분자량 (Mr)	아미노산의 pKa값	
				u-COOH	α $-NH_3^+$
중성 (13개)	알라닌 (Alanine, Ala, A)	6.0	71.1	2.34	9.69
	글리신 (Glycine, Gly, G)	6.1	57.1	2.34	9.60
	아이소로이신 (Isoleucine, Ile, I)	5.9	113.2	2.36	9.68
	로이신 (Leucine, Leu, L)	6.0	113.2	2.36	9.68
	메티오닌 (Methioine, Met, M)	5.7	131.2	2.28	9.21
	시스테인 (Cysteine, Cys, C)	5.0 (5.1)	103.1	1.71	10.78
	페닐알라닌 (Phenylalanine, Phe, F)	5.5	147.2	1.83	9.13
	프롤린 (Proline, Pro, P)	5.7	97.1	1.99	10.6
	트레오닌 (Threonine, Thr, T)	5.6	101.1	2.63	10.43
	세린 (Serine, Ser, S)	5.7	87.1	2.21	9.15
	트립토판 (Trytophan, Trp, W)	5.9	186.2	2.38	9.39
	타이로신 (Tyrosine, Tyr, Y)	5.7	163.2	2.20	9.11
	발린 (Valine, Arg, A)	6.0	99.1	2.32	9.62
알칼리성 3개	아르기닌 (Arginine, Arg, A)	10.8	156.2	2.17	9.04
	히스티딘 (Histidine, His, H)	7.5	137.2	1.82	9.17
	라이신 (Lysine, Lys, K)	9.7	128.2	2.18	8.95

1 모발의 등전점

H^+와 OH^-에 있어서 $[H^+]=[OH^-]$함은 pH=7인 중성으로 생각할 수 있지만 $-NH_2$기와 $-COOH$ 기의 전리도가 다르므로 pH는 전리도가 큰 쪽의 영향을 받아 영향을 받은 쪽으로 기울어진다.

[예1] 산성아미노산

- 아스파라트산(pH2.8), 글루탐산(pH3.2)

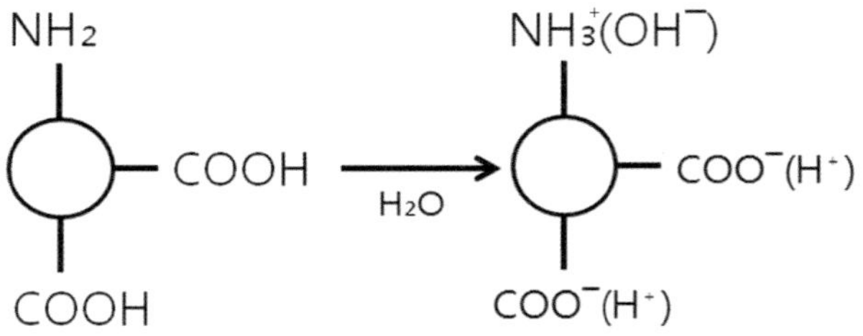

NH_2

COOH

COOH

H_2O

$NH_3^+(OH^-)$

$COO^-(H^+)$

$COO^-(H^+)$

[예2] 염기성아미노산

- 아르기닌(pH10.8), 라이신(pH9.7), 히스티딘(pH7.6)

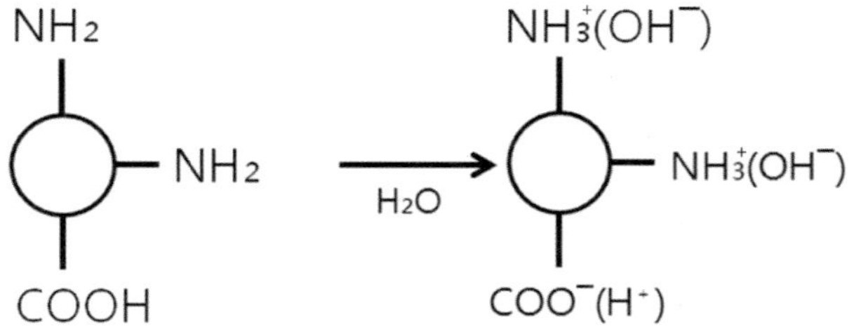

NH_2

NH_2

COOH

H_2O

$NH_3^+(OH^-)$

$NH_3^+(OH^-)$

$COO^-(H^+)$

모발의 pH TIP

수분을 함유하고 있을 때의 모발표면 또는 모피질 내 수분의 pH가 측정된다. 모발 자체는 pH의 대상이 되는 수소이온, 수산 이온이 있어 측정 가능하다. 모발 주성분인 케라틴은 그 자체로서 물에 용해되지 않지만, 아미노산 각각은 물에 용해됨으로 그 수용액은 각각의 고유 pH를 가지고 있다. 아미노산의 산기인 카복실기와 알칼리성 기인 아미노기는 전리도가 매우 적지만 물 가운데서 이온으로 변한다.

이온 TIP

그 자체가 정의에서 원자나 분자와 같은 미립자에 (+) 또는 (-)의 전기적 성질을 띠는 것을 말한다.

요약

1. 모발 생체원소는 생명체에 필요한 원소이며, 모든 물질을 구성하는 기본 단위이다. 가 전자의 주고받기가 중심이 되는 양이온은 최외각에 있어서 전자의 주고받음에 의해 가 전자를 방출하며, 음이온은 최외각의 전자를 받아들여 안정화된다.

2. C는 4가 원소, N은 3가 원소, O는 2가 원소, H는 1가 원소로서 이중·삼중 결합을 할 수 있는 다양하고 안정된 분자종을 형성한다. 이들은 단백질, 탄수화물, 지방과 다른 형태의 생체 분자들을 만든다.

3. 아미노산은 한 개의 아미노기($-NH_2$)와 카복실기($-COOH$)를 갖는 양성전해질로서 $-NH_2$는 암모니아와 마찬가지로 수소이온(H^+)과 결합하여 $-NH_3^+$로 전리되고, -COOH기는 수소이온을 해리하여 COO^-로 전리한다. 이러한 성질을 이용한 현상을 아미노산의 전자성이라 한다.

4. 중성 영역인 쌍극 이온형에서 양·음전하를 이룸과 동시에 아미노산 용액의 pH를 등전점이라 한다. 양이온은 양전하를 띠는 이온으로서 전자를 잃은 원자이며, 음이온은 음전하를 띠는 이온으로서 전자를 얻은 원자이다.

5. 모발 단백질은 글리신, 알라닌, 발린, 로이신, 아이소로이신, 트레오닌, 세린, 시스테인, 메티오닌, 아스파라트산, 글루탐산, 타이로신, 라이신, 아르기닌, 히스티딘, 페닐알라린, 트립토판, 프롤린 등으로 구성된다. 아미노산은 아미노기를 가지고 있는 양성화합물로서 하나의 분자 중에 산소 원자단의 카복실기와 알칼리성 원자단의 아민기를 포함한다.

6. 모발 단백질은 아미노산의 축·중합체로서 구조식에 따라 특징적인 성질을 가진다. 이는 기본구조식을 중심으로 주쇄의 곁가지 잔기인 원자단의 기능기를 가진다.

7. 아미노산에는 일반적으로 분자 내에 염기성의 아미노기와 산성 카복실기를 각각 1개씩 가지고 있다. 아미노기와 카복실기 각각의 원자단을 동일하게 갖는 것을 중성아미노산이라 하며, 아미노기가 1개 더 많은 것을 염기성, 카복실기가 1개더 많은 것을 산성 아미노산이라 한다.

8. 산성아미노산은 양이온인 수소(H^+)를 방출한다. 물속에 용해되어 있을 때 양이온 수소(H^+)를 생성하는 물질이다. 알칼리성아미노산은 음이온인 수산화물(OH^-)를 방출한다. 물속에 용해되었을 때 음이온 수산화물을 생성하는 물질이다.

9. 아미노기와 카복실기는 축 · 중합인 펩타이드 결합을 통해 다수의 폴리펩타이드 결합인 주쇄가 되고 잔기는 측쇄결합으로서 상호 결합 되어 있다.

10. 아미노기와 카복실기와의 이온적인 염결합은 모발 pH 4.5~5.5 값의 범위에서 가장 안정됨으로써 이를 모발의 등전점이라 한다. 등전점 이상의 pH에서 모발 표면은 음의 전하를 띠기 때문에 양이온성 폴리머에 쉽게 끌려간다. 대부분 미용처리는 등전점 이상에서 진행된다. 양이온 물질은 음이온성 물질보다는 흡착이 쉬우며 양이온성 폴리머가 음이온성 폴리머 보다 모발에서의 잔류가 되기 쉽다.

연습 및 탐구문제

1. 모발 아미노산을 구성하는 기본 단위인 생체원소를 오비탈 구조로 설명하시오.
2. 모발 아미노산 18종을 산성, 염기성, 중성 아미노산 등으로 분류한 후, 화학 반응에 따른 이온화를 설명하시오.
3. 모발 단백질을 축·중합과정과 측쇄의 기능기를 설명하시오.
4. 모발 pH의 등전점을 모발 내 결합을 통해 설명하시오.

참고문헌

1. 모발관리학, 류은주 외 4, 청구문화사, 1996, pp 37~46, 59~70
2. HAIR COLORING, 류은주, 청구문화사, 2001 pp 32~42, 43~44, 55~67
3. 모발학, 류은주 외 4, 광문각, 2002, pp 48~55, 59~109, 142~149
4. Permanent Hair Wave Theory, 류은주 외 1, 이화, 2003, pp 13~20
5. 모발미용학개론, 류은주 외 1, 이화, 2004, pp 46~55, 60~64
6. 모발생물학, 은희철 외, 서울대학교출판부, 2004, pp 111~124
7. 인체모발 형태학, 류은주, 김종배, 이화, 2005 pp 37~110, 126~160
8. 두개피육모관리학, 한국모발학회, 이화, 2006, pp 88~105, 112~123
9. TRICHOLOGY, 류은주 외 2, 트리콜로지, 2008, pp 51~60
10. 모발미용학의 이해, 류은주 외 4, 신아사, 2009, pp 73~106
11. 고등학교 헤어미용, 류은주 외 4, 서울특별시교육청, 2010, pp 26~32
12. 염·탈색 미용교육론, 류은주 외 1, 한국학술정보(주), 2012, pp 32~37, 52~60

모발의 특성

2 모발의 물리적 성질

모발섬유 자체는 물에 용해되지 않지만, 모발이 젖었을 때 산과 알칼리를 방출시킨다. 특히 물은 염결합과 수소결합을 약화시킴으로써 일시적인 모발구조(가소성)를 변화시킨다. 모발의 물리적 구조를 나타내는 흡습 관계는 물과 어떤 물질과의 화학적, 물리적, 기계적 결합을 한다. 모발 내 결합(고정)수는 삼투나 흡수와 같이 어떤 일정 한계에서 물과 물질의 결합비 변화를 나타낸다. 모발의 pH는 화학적 결합을 나타낸다. 모발 내 수분의 결합수인 고정수는 유연함, 광택, 통풍, 강도, 정전기량 등 미용상 특성인 기계적 정질을 좌우한다.

개요

생물에서부터 출발한 모발은 화학적, 물리적 성질을 가진 과학적 물질이다. 모발의 기본적인 특성과 물, 열 그리고 화학적 용제인 반응성 화장품과 두개피 화장품에 대한 이해를 요구시킨다. 이 장에서는 모발의 물리적 구조로서 흡습성, 팽윤성, 건조성, 열변성, 광변성, 대전성 등을 통해 살펴볼 수 있다.

학습 목표

1. 모발의 물리적 구조를 화학적 결합, 물리·화학적 결합, 기계적 결합을 통하여 해석할 수 있다.
2. 흡습성을 흡수, 흡착, 수착 등을 통하여 현상의 차원을 분류하며 모발의 물리적 고찰로서 수분율과 상대습도, 수착열 등을 구분하여 설명할 수 있다.
3. 팽윤의 형태와 팽윤도에 대해 비교하여 말할 수 있다.
4. 모발이 갖는 건조성에 대해 말할 수 있다.
5. 함수량과 모발, 건열과 습열 등에 의해 손상 정도를 말할 수 있다.
6. 광변성과 대전성에 관련된 모발 변성을 설명할 수 있다.

주요 용어

수화물(결정수), 응축, 흡착, 흡수, 수착, 배향성, 상대습도, 모발수분율의 균형, 단분자막, 팽윤부등방성, 체적수축, 자유수, 결합수, 건열, 습열

01 흡습성(Hygroscopicity of Hair)

모발 고분자와 물분자 간에 물리적 결합으로 약한 힘으로 작용하는 모발의 흡습원리는 대부분 모발이 습한 공기 중에서 수분을 흡수하고 건조한 공기 중에서는 수분을 발산하는 성질을 나타낸다.

1 흡습의 종류

물(H_2O) TIP

물은 고도로 극성화된 분자로 매우 유동적이며 투과적이며 차원적이다. 물분자 한 개는 4개의 수소기와 다른 물분자 또는 적절한 수소연결 그룹과 상호작용할 수 있다. 이러한 상호 작용력이 있는 물은 케라틴 구조 내에서 물과 물분자 사이와 물과 케라틴 구조와의 3차원적 연결망을 형성시킨다.

> 흡수, 흡착, 수착은 유사용어로서 특별히 구별하지 않고 사용하기도 하지만 엄밀하게는 여러 가지 상이한 현상을 나타낸다. 흡습성에 영향을 주는 성질은 강도, 신도, 대전성, 보온성, 염색성, 탄성, 가소성 등이 있다.

모발 흡습의 경우 흡습량이 적은 초기 단계를 흡착, 수분율 10% 이상을 수착이라고 한다.

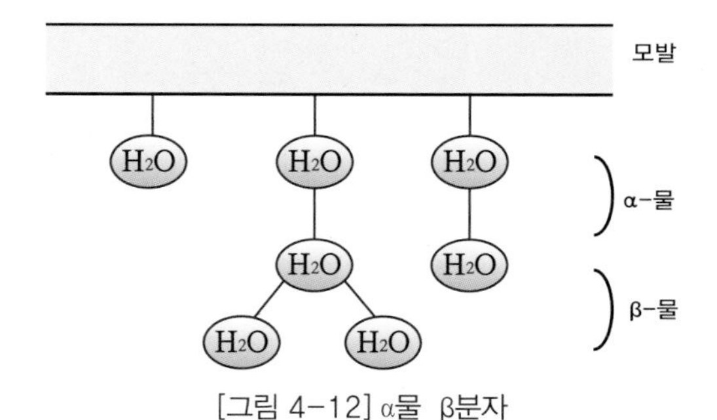

[그림 4-12] α물 β분자

상대습도(RH) TIP

수분 함유량 비교 시 RH를 적용한다. 모발 흡습의 경우 흡수량이 적은 초기 단계는 흡착이라 하며, 흡수량이 많은(수분율 10% 이상) 단계를 수착이라 한다.

① 흡수(Absorption)

고체와 기체 간 표면 현상으로서 물분자가 고체 내부까지 침투하는 경우를 흡수라 한다. 이때 동일한 온도에서 습도가 높으면 흡수량이 많아지나 동일한 습도에서 온도가 높으면 흡수량은 적어진다.

② 흡착(Absorption)

물분자가 모발섬유와의 계면에 있어서 상(Phase)의 내부와 다른 농도로 존재하는 현상으로 고농도로 흡수된 상태이다. 이때 모발섬유는 흡착매가 되며 물은 흡착질이 된다.

③ 수착(Sorption)

물분자가 모발 섬유 표면에 흡착된 물질보다 더 내부에 침투, 확산되는 현상이다.

2 모발의 흡 · 탈습

모발 흡습성은 모발 섬유 고분자의 물분자 간에 물리적 결합에 의한 약한 힘의 작용이 형성됨을 나타낸다.

1) 모발은 습한 공기 중에서 수분을 흡수한다.

- 모발에 흡착된 물은 모발섬유 고분자의 친수기와 직접결합된 α물과 α물에 결합된 간접접착수인 β물로 구분된다.
- α물인 직접접착수는 모발의 물리적 성질인 강도, 신장도, 대전성, 보온성, 염색성, 탄성, 가소성 등에 관계된다.
- β물은 화학작용과 유기물 성장 또는 증기압을 유지하는 데도 필요하다.
- 건조한 공기 중에서는 수분을 발산한다.
- 수분이 증발할 때에는 불안정하게 결합된 β물이 먼저 탈습된다.
- 수분의 흡수 속도는 실온에서 액상물은 15분 이하이며, 33℃에서는 5분 이하로 모발에 침투되나 습윤 공기 중에서 18~24시간의 시

간이 요구된다.

• 수증기에서보다 액체의 물에서 흡수력이 훨씬 빠르다.

2 흡착 현상

모발에서의 흡착 과정을 4단계로 구분하면 다음과 같다.

① 초기 흡착

공벽에서 친수성기와 물분자가 수소결합에 의해 흡착되기 시작하는 상태이다.

② 단분자막 상태

모발 내부 표면이 거의 한 겹 물분자막으로 덮여 있는 상태이다.

③ 단분자막에서의 결합수

단분자막 위에 수소 결합 물분자가 겹쳐 있는 상태이다.

④ 흡착 곡선

공공이 있는 자리에도 거의 물분자로 충만되어 있는 상태이다. 실제 물에 침전된 상태와 가깝다. 모발 자체는 팽윤된 상태, 모관 직경은 확장된다.

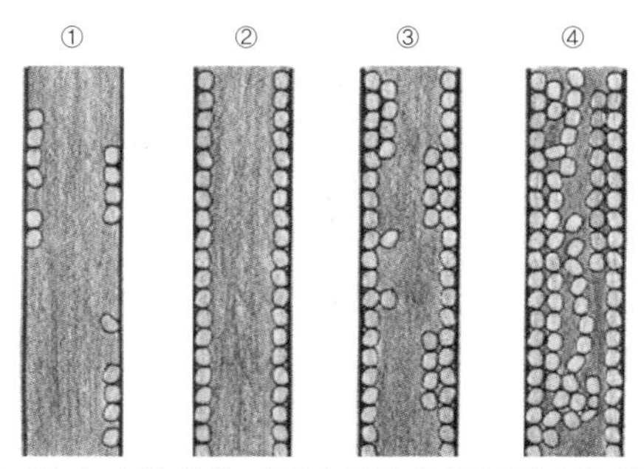

[그림 4-13] 흡착 과정과 등온 흡착 곡선과의 대비

3 유지의 흡착

모피질은 친수성이지만 모표피의 표면(Epicuticle)은 친유성이기 때문에 유지 흡수는 주로 모표피 표면에서 이루어진다. 화학 처리는 그 외의 방법에 의해서 모표피가 변성, 손상, 탈락 시 유지에 대한 친화성이 감소하기 때문에 유지 흡수력은 감소한다. 유지류를 계면활성제로 유화한 경우 모피질보다 모표피에서의 흡수량은 감소된다. 이중유제인 계면활정제가 친수성인 O/W형과 친유성인 W/O형을 나타낼 때 친수형은 모피질에 친유형은 모표피에 많이 흡수되므로 사용 목적에 따라 선택된다.

- 모발에 대한 유지 흡수량은 유지 종류에 따라 차이가 있다. [표 4-3]에서 볼 수 있듯이 식물성 유지보다 광물성 유지의 쪽이 흡착이 높고 그중에서도 유동 파라핀이 가장 많이 흡착한다.
- 식물성 유지인 올리브유(3.18%), 동백기름(7.18%)보다 광물성 유지인 바셀린(8.76%), 유동파라핀(11.6%) 등의 흡착이 큼을 나타낸다.
- 모피질 내 세포 구조는 친수성에 가까우며 모표피 내 에피 큐티클(A층)은 친유성에 가깝다. 유지 흡수는 주로 모표피 표면에서 이루어진다. [표 4-4]에서는 여러 화학 처리를 한 모발에 대한 유지 잔존율의 데이터를 나타내었다.

[표 4-3] 유지의 흡수율 유지의 제거율

유지 종류	흡수율(%)
올리브유	3.18
동백기름	7.18
바셀린	8.76
유동파라핀	11.06

종류	처리양(%)
실리콘	73
미처리	57
H_2O_2	55
황산	41
표백분	32
알콜수산화칼륨	4
차아염소산나트륨	1

[표 4-4] 유화, 유지의 흡착율

유지의 종류 (유지1 : 계면활정제 0.5)	흡착율 (毛 1g에 대한 mg수)
유동파라핀	13
스쿠알렌	14
세타놀	20
리놀린	18
밀랍	23
스테알린산	19
L.P.M	26

4 수분율

모발에서의 수분율은 물리적 고찰에 관한 내용이다. 이는 고분자를 이루는 모발의 친수성 분자, 소수성 분자, 미세구조에서의 비결정영역 구성비 또는 분자의 배향성, 거시구조에서 모발 다공성 등에 영향을 가진다.

- 건조모발 섬유로 흡수되는 물은 미세섬유 표면과 비결정영역의 구형단백질 표면에 존재하는 친수성기(Hydrophilic sites)로부터 처음 흡수된다.
- 수분율이 낮으면 샴푸 후 건조가 쉬워지며 정전기 발생률 또한 높아 염색성에 영향을 미친다.

[표 4-5] 유지의 흡수율 유지의 제거율

종류	관능기(작용기)
친수성기	–OH, NH_2, –C–OH
약한 친수성기	–C–N, –C–, –C–OH
소수성기	$-CH_3$, $-CH_2$

RH(%)	흡수 (체적 증가율)	발산 (체적 증가율)
0	0	0
10	5.7	6.8
40	12.2	13.0
60	16.3	17.3
90	24.6	25.1
100	32.1	32.1

알아두기

① 수분율 또는 수분회복율(Moisture regain)

건조모발의 질량에 대한 흡수 수분의 질량비 =

$$\frac{W(\text{수분을 흡착한 시료의 무게})-D}{D(\text{건조시킨 모발 시료의 무게})}$$

② 함수율 또는 함유 수분율(Moisture content)

- 수분율이 낮으면 함수율은 높아진다.
- 함수율이 낮으면 수분율이 낮아진다.
- 건조시키지 않은 수분을 포함한 전 모발 시료의 질량에 대한 함유 수분의 질량비

$$\frac{W - D}{W} \times 100(\%)$$

1) 상대습도와 수분율

모발을 대기 중에 방치하면 수분이 흡착 또는 방출됨으로써 대기 내 수증기와 균형이 유지되는 상태가 된다. 따라서 흡착량은 온도와 습도에 양향을 받아 변동되나 온도의 영향보다는 상대습도의 영향이 더 크다.

① 상대습도(Relative humidity, RH)

기온이 높고 공기가 건조할 때 빨리 건조된다. 모발과 섬유의 수분 함유량 비교 시 습도 65%, 온도 25℃의 표준상태에서 수분율이 측정된다.

• 모발 수분율의 균형을 나타낸다.

- 온도에 따라 영향을 받듯 흡수량은 동일한 온도에서도 습도가 높게 되면 흡수가 증가된다.
- 동일한 습도에서는 온도가 높게 되면 흡수는 감소된다.
- 모발은 대기 중 10~15%, 세발 직후 30~35%의 수분을 포함한다.
- 젖은 모발을 블로 드라이어로 건조시켜도 모발 내 수분은 10% 전후이다.
- 모발에 물이 흡착되면 흡착물의 증가량에 의해 중량과 체적이 늘어난다.

2) 수착열(Sorption heat)

> 일반적으로 운동하고 있던 분자를 정지시키면 운동에너지를 잃게 됨으로써 이 에너지가 열로서 방출된다. 역으로 흡착수를 방출할 때는 운동에너지로서 열을 흡수한다. 이는 유효 친수기의 수 또는 비결정영역의 양에 의해 값이 달라지기 때문이다.

모발섬유는 수분을 수착하면 열을 발생시킨다. 발생되는 열량은 모발 섬유 내에 존재하는 수분의 양, 수착되는 수분의 상(相)으로서 액체수 또는 수증기의 여부 등에 따라 다르다. 흡수가 진행되면 물은 비교적 약하게 결합되므로 발생 열량이 적어진다.

① 수분의 확산

> 모발이 수분을 수착하여 평형에 도달하는 데 걸리는 시간이 늦은 것은 물분자가 공기 중에서 임의 운동(Random motion)을 하면서 모발 표면에 도달하기 때문이다.

모발 표면에 도달된 물분자도 임의 운동을 하면서 모발 내부로 침투하는 흡습 또는 탈습되는 현상은 수분의 확산 때문에 생기는 현상이다.

② 컨디셔닝

모발이 수분을 수착하여 열을 발생시키고 또 탈습하면 열을 흡수하므로 모발 주위 공기의 온도가 일정하게 된다. 그러나 모발과 주위 환경과의 수분 교환은 모발에 부분적으로 온도의 변화를 가져오게 한다.

모발이 어느 일정량의 수분을 수착하는 데 걸리는 시간, 수착 속도, 대기와의 수분 평형에 도달하는 데 걸리는 시간 등을 컨디셔닝이라 한다. 이는 모발이 흡습 또는 탈습 과정에서 그 주위 공기의 수분 상태와 평형을 이루는 현상이다.

[표 4-6] 컨디셔닝 요소

컨디셔닝 영향	특징
온도	온도가 높게 되면 흡착량은 적어지나 온도가 낮으면 흡착량은 많아진다.
습도	습도가 높아질수록 흡착량은 높다.
극성기	친수성기(COOH, NH_2, OH, CO-NH)가 많은 만큼 흡착량 또한 많아진다.

02 팽윤성(Swelling)

일반적으로 중량과 체적의 증가 과정인 팽윤은 습도 60% 이상으로 수분율 10~15%의 흡착 후기를 가진다. 이는 모발이 완전하게 물에 잠길 때 그 본질은 변화되지 않고 체적과 중량만이 증가되는 현상이다.

어떤 물체가 액체를 흡수하고 그 본질은 변화시키지 않으면서 체적을 증가시키는 현상을 팽윤이라 한다. 즉 모발이 수분, 환원제, 산화제, 염류 용액, 유기용제 등을 흡수하면 모발 길이 또는 직경방향으로 크기가 늘어나게 되는 현상을 일컫는다.

1 팽윤의 형태

물의 흡수로 인한 모발섬유의 팽윤은 방사상(Radial direction)으로 이루어짐으로서 한정된다.

흡착의 후기(습도 60% 전후에서 완전하게 물에 젖을 때) 현상인 팽윤은 건조 상태에서 습기가 더해질수록 모발섬유는 대략 12~15% 정도 굵어지며, 1~2% 정도의 길이가 늘어난다.

1) 유한팽윤

어느 정도 팽윤이 진행되면 그 이상 진행되지 않는 경우로서 모발과 섬유는 거의 유한팽윤을 가진다.

모발의 체적에서 직경 방향(12~15%)은 크지만 길이 방향(1~2%)의 변화는 조금밖에 변하지 않음으로써 방향에 따라 팽윤성이 달라지는 것을 팽윤부등방성이라 한다.

ex) 섬유의 경우 전부 유한팽윤이면서 부등방성이다. 팽윤의 방향성은 거의 모발과 동일하게 직경방향이 크지만 나이론은 역으로 길이 방향이 크다.

2) 무한팽윤

제한 없이 팽윤되어 마지막에는 용액이 되어 버리는 경우로서 케라틴 단백질을 예로 들 수 있다.

TIP 팽윤도

팽윤된 모발을 공기 중에 방치했을 때 수분의 존재 양식에 의해 수분은 서서히 감소된다. 처음에는 급속히 수분이 감소하나 5% 이하의 수분이 남으면 감소 속도는 저하된다.

2 팽윤도

모발섬유가 물 가운데(水中)에서 팽윤 평행에 달하는데 소요되는 시간은 실온에서 15분 이상, 고온에서 5분 이내로 거의 팽창에 가까운 팽윤도가 된다

① 체적 수축

- 모발이 물을 흡착할 때 중량과 체적 증가와 함께 팽윤을 초래시킨다. 이때 체적수축이라는 현상을 일으킨다.
- 모발 내 공공에 물분자가 들어가면 전체로서는 예상된 체적만큼 등식이 성립되지 않는다.

TIP 체적 수축

건조한 모발 체적을 ①이라 하고, 흡착되는 물의 양을 ②라고 하여 합쳐서 흡착된 모발 체적을 ③이라 할 때 ① + ② = ③의 등식이 예상되나 ① + ② > ③으로서 체적 수축이 된다.

② 온도의 영향

- 물과 열에 의해 모발 내 수소결합과 결합은 온도 상승과 함께 팽윤도는 높아진다.
- 모발 내 결합 간 절단을 통해 모관이 굵어지기 때문에 모관 내 물의 양은 많이 함유되기 때문이다.

알아두기

흡착의 경우 외부 온도 상승과 함께 흡수량은 약해지지만, 물에 침전시킨 모발의 경우로서 습도 97%일 때 흡착량에서의 온도 차이는 미약하다. 반면 모관 중에 수분량의 포화상태는 물분자끼리 충돌이 형성됨으로 물분자의 밀집된 장벽에 의해 모관 외 공기 중에 분산되는 열 비율은 적어진다.

③ pH의 영향

모발 섬유의 가장 안정된 **pH** 상태 즉, 모발 등전점보다 산성 또는 알칼리성으로 진행됨에 따라 팽윤도는 서서히 커진다.

- pH2 이하에서는 응고되거나 바스러져 용해된다.
- pH10 이상이 되면 급격하게 팽윤 됨으로써 용해된다.

3 팽윤의 기전

흡착은 수증기가 흡수된 초기의 현상이나 팽윤은 흡착 후기 현상으로 볼 수 있다. 모발 내의 결합수(고정수)는 외부에서 흡착된 자유수(용해수)로부터 흡수량을 가진다.

완전히 젖은 상태는 모발 내 공공, 즉 비결정영역 내의 자유수에 의해 눌려 퍼지게 됨으로써 체적 또는 중량이 증가하게 된다.

팽윤의 기전 TIP

모발섬유를 구성하는 결정영역의 주쇄는 측쇄로 강하게 결합된다. 측쇄결합 가운데 수소결합은 물에 의해 절단되고 수산기, 아미노기, 카복실기, 펩타이드 결합 등은 물에 쉽게 친화된다.

· 물이 들어가 펴지려는 경향과 측쇄가 원래의 형태로 축소되려는 경향으로 치닫는 것이 팽윤평형에 해당된다.

⇒ 이 이상은 상당한 시간이 걸려도 팽윤이 진행되지 않게 된다.

① 모발섬유 구조

모발 섬유는 골격을 구성하는 결정영역인 주쇄(종방향)와 짧은 측쇄(횡방향)로 강하게 결합하고 있다. 물에 의한 팽윤은 주로 측쇄결합에서 일어난다.

② 모발팽윤 요인

케라틴 분자의 분자량, 결정영역의 양, 측쇄결합의 수 등으로서 이들 요인이 많아지면 팽윤도는 저하된다.

③ 손상의 유무

손상모는 주쇄나 측쇄의 결합도가 절단된 상태로서 모발성분의 유출뿐 아니라 다공성의 증가와 함께 팽윤도 또한 커진다.

03 건조성(Dehydration)

모발 건조 과정의 속도는 처음에는 빨라지지만 어느정도 되면 점차 느려진다. 이때 수분제거율 30% 이하가 되면 공공 중심부에 결합된 자유수의 증발에 필요한 열에너지보다 공공 벽에 가까운 물분자가 더 많은 열에너지를 필요로 하기 때문에 건조 속도는 서서히 느려진다.

샴푸 후 젖은 모발 내 흡착된 물은 팽윤 균형 상태에서 30% 이하의 수분을 포함하고 있다.

1 타월 드라이

타월 건조 과정 처음에 모발 표면에 잔존해 있는 부착물이 제거되는 단계에서 건조 속도는 상당히 빨라진다.

2 블로 드라이어 이용 건조

사용되는 기기의 종류와 경과 시간, 측정위치 등에 따라 건조(Air forming)에 차이를 나타낸다.

1) 후드식 블로 드라이어

두개피 내에서 100℃ 이상, 습도 95% 이상으로 사용되는 후드식 드라이어는 그 내부 온도와 습도의 측정에서 상당히 고온 다습한 상태로 사용된다.

2) 핸드 블로 드라이어

기기에서 분출되는 열풍, 온풍, 냉풍은 임의로 조절하기가 쉬워 자연 방치보다 모발 건조 시 편리하다.

① 온도를 높여준다.

공공 내의 물분자에 열에너지를 부여하고 분자 활동을 활발하게 하여 대기 중으로 분산시킨다.

② 습도를 낮춘다.

물분자의 분산을 방해하지 않도록 모발 주변의 물분자 수를 줄인다.

③ 풍부한 풍량을 가진다.

모발 겉표면에 정체되어 있는 물분자를 다량의 공기를 이용 제거한다.

04 열변성(Thermal Denaturalization)

기계적인 강도는 80~100℃에서 약화 되기 시작하나 전열 롤러를 이용한 세트(Set) 시 짧은 시간 고온 건조가 고정을 확실하게 해준다.

함수량이 많은 모발은 60℃ 전후에서도 열변성을 일으킨다. 따라서 전열기기 처리 온도를 60℃ 이하로 사용 시 모발 손상을 방지할 수 있다.

1) 건열

모발에 미치는 열의 영향은 건조한 열이나 습한 열에 따라 차이가 있다.

- 120℃ 전후에서 팽윤이 된다.
- 130~150℃ 변색이 시작된다.
- 270~300℃ 탄화 후 분해된다.

2) 습열

화학물질이 모발 내 잔류 또는 용제에 팽윤된 모발은 낮은 온도에서도 손상을 받게 된다.

- 모발 시스틴은 150℃ 전후에서 감소된다.
- 케라틴은 습도 70%에 70℃부터 변성된다.
- 케라틴의 β케라틴화는 130℃에서 10분간 유지될 때 형성된다.

05 광변성(Light Denaturalization)

적외선과 자외선은 모발 손상 상태에 따라 변성을 준다. 모발 케라틴은 어느 정도의 열에 의해 측쇄결합이 절단되기도 한다.

- 화학선으로서 자외선에 과도히 노출될 때 모발 시스틴 결합이 변성되거나 감소되며 모표피의 비늘 층 간 텁을 바스러지게 한다.
- 고온의 실외 근로자나 해안 거주자 등에서 펌이 잘 형성되지 않고 늘어나는 원인은 자외선에 의한 모발 케라틴의 변성으로 볼 수 있다.

06 대전성(Electrificating)

정전기 현상 TIP

정전기(Static electricity) 현상은 저온에서나 건조시기에 많이 볼 수 있다. 마찰 전기와는 달리 케라틴의 극성기에 의한 이온화 현상은 모발에서의 + 또는 –의 전기적 성질에 의해서이다.

모발 내로 흡수된 상태에서는 그 수분의 pH가 극성기(–COOH, $-NH_2$)의 해리를 가진다.

1) 모발 등전점 상태일 때

카복실기(–COOH) 및 아미노기($-NH_2$)도 함께 전리됨으로써 –또는 +의 양성적 이온을 가진다.

2) 모발의 pH가 알칼리성 상태일 때

- 카복실기(–COOH)의 해리가 촉진되어 $-COO^-$ 극성기가 강하게 작용된다.
- 알칼리 측에서는 다른 +이온과 전기적으로 결합이 강해진다.

- 염기성 염료분자는 활성제와 염료분자 내 흡착 현상으로서 + 에서 전하함으로 알칼리성에서 흡착되기 쉽다.

3) 모발 pH가 산성 상태일 때

- 아미노기($-NH_2$)는 NH^+_3로 되고 카복실기(−COOH)의 해리는 억제된다.
- 산성 측에서는 –이온과 결합력이 강하 됨을 가진다.
- 산성염료는 –에서 전하하기 때문에 산성에서 흡착되기 쉽다.

요약

1. 모발섬유 자체는 물에 용해되지 않지만, 물에 젖었을 때 산과 알칼리를 방출시킨다. 특히 물은 염결합과 수소결합을 약화함으로써 일시적인 모발구조를 변화시키는 가소성이 있다.

2. 모발 내 수분인 결합수는 유연함, 광택, 통풍, 강도, 정전기량 등 미용상 특성인 기계적 성질을 좌우한다. 그러므로 모발 수분량의 정도가 모발 손상도의 지표가 된다.

3. 모발 내 수분 함유량 10~15% 이하로서 케라틴 내 친수기에서의 화학적인 결합이 결합수이다. 모발 내 수분 함유량 15~25%로서 모피질 간 작은 구멍을 매운 상태는 침투수 형태이다. 모발 내 수분 함유량 25~30% 이상으로서 단지 모발에 흡착된 상태를 흡착수라 한다.

4. 모발은 공기 중에서 수분을 흡수하고, 건조한 공기 중에서는 수분을 발산하는 탈습 성질인 흡습성을 가지고 있다. 모발섬유 고분자의 친수기와 직접 결합된 α물과 α물에 결합된 간접 접착수인 β물로 구분되며, 수증기보다 액체의 물에서 흡수력이 훨씬 빠르다. 따라서 동일한 RH 상태에서 온도, 습도가 높으면 흡수량은 높아지며 습도, 온도가 동일하게 낮으면 흡수량은 낮아진다.

5. 상대습도와 수분율에서 수분율이 낮으면 함수율은 높아지고, 함수율이 낮으면 수분율은 높아진다. 모발은 대기 중 10~15%, 세발 직후 30~35%의 수분을 포함하는 모발 수분율의 균형을 가진다.

6. 모발이 수분, 환원제, 산화제 등을 흡수하면 모발 부피가 증가하여 길이 또는 직경 방향으로 크기가 늘어나게 되는 팽윤성을 가진다. 이는 어떤 물체가 액체를 흡수하고 그 본질을 변화시키지 않고 체적을 증가시키는 현상을 팽윤이라 할 때 흡착의 후기(습도 60% 전후에서 완전하게 물에 녹을 때) 현상이다.

7. 어느 정도 팽윤이 진행되면 그 이상 진행되지 않는 경우로서 모발과 섬유는 거의 유한 팽윤을 가진다. 이때 직경방향은 크지만 길이 방향의 변화는 조금밖에 변하지 않음으로써 방향에 따라 팽윤성이 달라지는 것을 팽윤부등방성이라 한다.

8. 체적수축현상은 모발이 물에 흡착할 때 중량과 체적증가와 함께 팽윤을 초래시킨다. 이때 모발 내 공공에 물 분자가 들어가면 전체로서는 예상된 체적만큼 등식이 성립되지 않는다(① + ② 〉 ③). 모발 내의 결합수는 외부에서 흡착된 자유수로부터 흡수량을 가진다.

9. 모발 섬유를 구성하는 결정영역의 주쇄는 측쇄로 강하게 결합되어 있다. 측쇄결합을 가운데 수소결합은 물에 의해 절단되고 수산기, 아미노기, 카복실기, 펩타이드 결합 등은 물에 쉽게 친화된다. 모발은 물이 들어가면 퍼지려는 경향과 측쇄가 원래의 형태로 축소되려는 경향 등이 팽윤평형이다.

10. 모발에 미치는 열의 영향은 건조한 열이나 습한 열에 따라 차이가 있으나 함수량이 많은 모발은 60℃ 전후에서도 열변성을 일으키며 기계적인 강도는 80~100℃에서 약화되기 시작한다.

연습 및 탐구문제

1. 탈습 성질인 흡습성의 정의와 수분율, 상대습도, 수착열에 대해 설명하시오.
2. 흡착현상을 단계로 구분하여 말하시오.
3. 팽윤성에서의 팽윤부등방성과 체적수축에 대해 비교·설명하시오.
4. 건조성을 타월 드라이, 블로 드라이어를 적용시켜 설명하시오.
5. 열변성을 건열, 습열로 나누어 설명하시오.
6. 모발 형태가 갖는 대전성에 관해 설명하시오.

참고문헌

1. 모발관리학, 류은주 외 4, 청구문화사, 1995, pp 97~114.
2. Permant Hair Wave Theory, 류은주 외, 미화, 2003, pp 27~40
3. 모발학, 류은주, 광문각, 2005, pp 239~262
4. 모발학의 이해, 류은주 외 4, 신아사, 2010, pp 121~136

모발의 특성

모발의 역학적 성질

물질의 변형과 유동을 다루는 유변학(Rheology)은 콜로이드계에 대한 성질을 밝히는데 많이 기여했다. 모발에서의 점 · 탄성적 성질 즉, 역학적 성질은 탄성, 소성, 점성, 완화 등이 온도, 시간, 외부의 압력 조건 등에 따라 복잡한 변화를 가진다.

개요

모발에서의 점·탄성적 성질인 역학적 성질은 탄성, 소성, 점성, 완화 등이 온도, 시간, 외부의 압력, 조건 등에 따라 복잡한 변화를 가진다. 이 장에서는 탄력성, 인장강도와 신장, 무게신장곡선, 모발의 탄성 움직임, 모발의 열·전기·광학적 성질, 탄성 히스테리와 가소성 등을 살펴본다.
첫째, 탄력성에서는 변형, 변형력, 탄성율, 탄성회복율, 비례점, 항복점, 탄성변형, 영구변형 순으로 살펴보고 둘째, 인장강도와 신장에서는 인장강도, 신장, 무게신장곡선, 모발의 탄성 움직임 등의 순으로 살펴본다.

학습 목표

1. 탄력성이 갖는 탄성변형과 영구변형을 구분하여 설명할 수 있다.
2. 탄력성이 갖는 요인을 8가지로 분류하여 설명할 수 있다.
3. 인장강도와 신장을 구분하여 말할 수 있다.

주요 용어

변형, 탄성회복율, 탄성한계, 인장강도, 신장, 고착력, 절단하중, 강견점, 파단점, 스트레스(변형력), 열가소성, 내열성 마찰열, 탄성히스테리시스, 제중곡선(소성)

01 탄력성

분자상 탄성변형은 힘을 가했을 때 분자 간 결합이 늘어났다가 힘을 제거하면 원래 모양대로 회복됨을 가진다. 모발 섬유의 변형은 탄성변형과 영구변형으로 나뉜다.

1) 탄성변형

모발에 어떤 힘을 작용시켜 형태를 변형시킨 다음 가했던 힘을 제거할 시 모발 본래의 모양과 크기로 되돌아가려고 한다. 이러한 성질을 탄성이라 하며, 이와 같은 변형 탄성을 탄성변형이라 한다.

① 변형(Strain) : 길이 또는 부피의 변화율을 나타낸다.

② 변형력(Stress) : 단위 면적당 가해진 힘을 나타낸다.

③ 탄성율(Coefficient of elasticity) = 변형율/변형 기준으로 한다.

④ 탄성회복율(%) = 탄성 변형의 길이/ 전체 변형의 길이 × 100을 기준으로 한다.

⑤ 비례점 : 비례점 이하에서는 변형에 가한 힘 즉, 변형력에 직접 비례한다.

⑥ 항복점

㉠ 변형이 항복점 아래일 경우 :

물체에 가해진 힘을 제거하면 원래 모양과 크기로 환원한다.

㉡ 변형이 항복점 이상일 경우 :

변형력을 조금만 가해도 그 길이가 계속 늘어난다.

⑦ 탄성변형 : 고체의 성질이 있는 탄성체로 힘을 빼면 바로 원래대로 되돌아가려는 성질이다.

TIP 콜로이드(Sol Gel)

· 물질의 종류가 아닌, 물질의 상태를 나타내는 콜로이드는 원자 또는 저분자 상태에서 큰 입자로 분산되어 있을 때 콜로이드 상태에 있다고 한다.

· 1~500nm의 범위에 있으며 10^3-10^9의 원자로서 그 분산계를 콜로이드(Colloide) 또는 교질(膠質)이라 한다.

TIP

① 탄성율

(Coefficient Of elasticity) = $\frac{변형}{변형율}$

② 탄성회복율(%) = $\frac{탄성\ 변형의\ 길이}{전체\ 변형의\ 길이} \times 100$

2) 영구변형

힘에 의해 분자 간 결합이 늘어나서 결국 끊어진 다음 새로운 위치에서 다른 분자 간에 결합이 형성되기 때문에 원래 모양대로 회복되지 못하고 변형된 경우이다.

모발이 변형을 받으면 모발섬유 내부에서 외력에 대해 저항하여 원상태로 돌아가려는 응력(힘)을 발생시킨다. 이때 저항의 한계를 탄성한계라 하며 변형이 크기 이하이면 외력에 대해 저항하려는 힘과 비례하려고 한다. 그러나 변형에서 탄성 한계를 넘으면 급히 늘어나게 되어 외력을 제거하여도 완전히 원상태로 돌아가지 못하고 영구변형이 생긴다.

02 인장강도와 신장

모발에 외력을 가할수록 늘어남과 동시에 굵기는 가늘어지고 마침내 늘어나 끊어지기도 한다. 늘어난 비율을 신장률(%)이라 하고 끊어지는 무게를 인장강도(g)로 표시한다. 즉 늘어나서 끊어지는 순간까지를 인장강도와 신장으로 기술할 수 있다.

무게신장곡선 TIP

= 변형력(하중 or 무게) - 변형곡선(신장)
= Stress - Strain curve

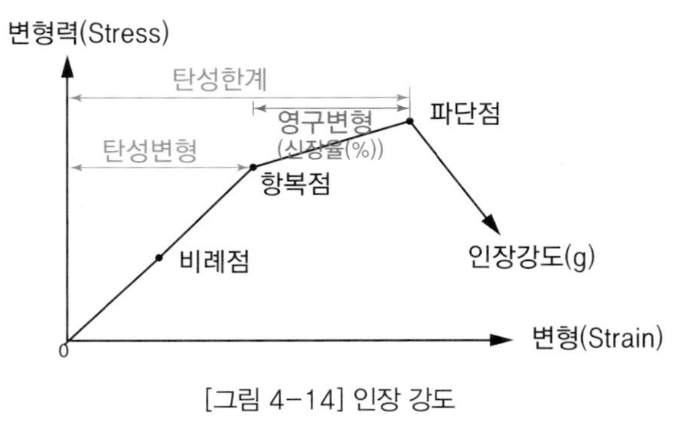

[그림 4-14] 인장 강도

1 인장강도

모발 굵기에 따른 절단 시의 무게를 절단 시의 모발 단면적으로 나누어 단위면적당 하중으로 된 것을 인장강도 또는 강도(kg/mm²)라 한다. 인장강도 측정 시 온도와 습도에 따라 수치는 달리 나오므로 RH(온도 25℃, 습도 65%)를 기준으로 해야 한다.

$$\text{인장강도} = \frac{\text{절단하중}}{\text{모발의 굵기}}$$

모발에서의 개인차, 모발성장 및 관리경로, 시험 값의 길이, 늘어나는 속도 등 측정치는 측정자에 따라 다르다.

- 평균적으로 건강모의 신장률은 40~50% 정도이다.
- 신장률 60~70%, 신장 강도 90~100g 정도이다.
- 모발섬유 인장 특성에서 모발 케라틴의 α⇄β 전위 시 2개로 늘어난다.
- 폴리펩타이드 주쇄는 보통 상태에서 α-Helix 구조를 형성하나 당기면 지그재그 상의 β케라틴이 된다.

2 신장(Tensile)

모발 한 올을 두개피부에서 뽑을 때 인위적으로 가해지는 외력은 약 50g 정도로서 이를 모발의 고착력이라 하며, 모발이 늘어나는 비율은 신장률이라 한다.

- 모발은 모든 기계적인 요인들에 대해 매우 견고하여 모발을 절단시키기 위해서는 상당한 힘이 다음과 같이 요구된다.
- 민감성 모(50~90g), 탈색모, 펌된 모(40~60g), 스트레이턴드 후 탈색모(30~50g), 황인종(100~150g), 백인종(60~100g), 흑인종(40~60g) 등이다.

• 모발 파열량은 나이, 인종에 따라 화학제품 사용 후 또한 변화됨을 나타낸다.

1) 무게신장곡선

모발이 늘어나는 순간부터 끊어지는 순간까지의 변화를 나타내는 무게신장곡선은 종축에 하중, 횡축에 신장률로서 각 신장률에 대한 순간순간의 하중그래프를 이용 순차적으로 기입하여 하중신장 곡선도를 나타내었다.

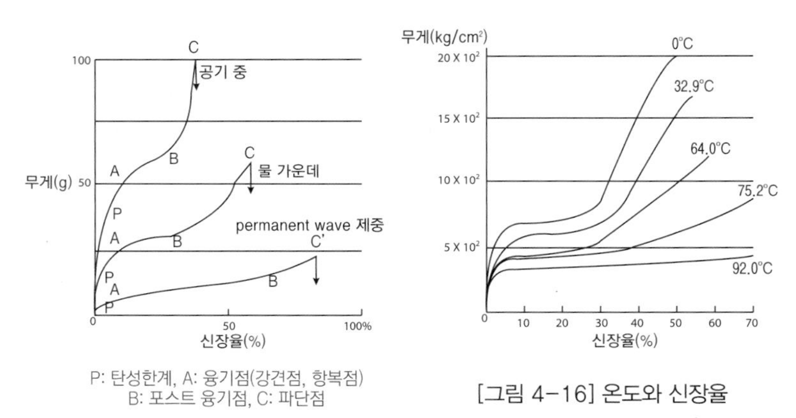

P: 탄성한계, A: 융기점(강견점, 항복점)
B: 포스트 융기점, C: 파단점

[그림 4-15] 모발 무게의 신장 곡선

[그림 4-16] 온도와 신장율

2) 모발의 탄성 움직임

모발이 늘어나는 순간부터 끊어지는 순간까지의 변화를 나타내는 무게신장곡선과 온도가 높은 만큼 쉽게 늘어나는 모발의 탄성 움직임을 [그림 4-14]에서 살펴볼 수 있다.

① 최초 시작(0~A) - 융기점(강견점)

신장률 2.5% 전후는 탄성 영역으로 무게와 신장률은 비례하여 무게를 제거시키면 원래 길이로 되돌아간다. 무게 크기를 비교해보면 신장률이 적기 때문에 결정 탄성으로서 탄성률은 크다.

② 완만한 곡선(A-B) - 항복점(포스트 강견점)

항복영역으로서 신장률 2.5~30%의 부분에서 약한 무게로 고무와 같이 잘 늘어나기 때문에 고무 탄성적 신장으로서 탄성률은 적게 나타난다.

③ 상향 곡선(B-C) - 파단점

포스트 항복영역은 신장률 약 30% 이상에서 파단이 되며 다시 늘어나지 않는 영역으로서 탄성률은 크다.

알아두기

모발 분자구조와 탄성 움직임

① O-A(항복점)
코일상으로 꼬여있는 α-케라틴의 동일 분자 중에 수소결합은 약한 당김에 의해 간격이 2.5% 정도 늘어난다.

② A-B(포스트 항복점)
수소결합이 절단되어 α형은 β형으로 전이하기 시작한다. 약간의 무게가 있어 신장비율이 급히 크게 된다. 신장률 30% 부근이 되면 거의 주쇄가 β형이 된다.

③ B-C(파단점)
신장 된 β-케라틴을 지속적으로 신장 시 분자 상호 간 엇갈려서 늘어나거나 분자의 주쇄가 절단된다. 이는 분자 간 응집에너지보다 절단에너지가 더 크기 때문으로서 분자 간의 미끄럼에 의해 신장된다. 그러므로 신장된 분자는 미끄럼이 크게 되고 마침내 끊어진다.

03 탄성 히스테리시스와 가소성

1) 탄성 히스테리시스

모발섬유에 외력을 주어 신장시킨 하중신장곡선에서 하중을 제거하였을 때 돌아가는 제중곡선, 즉 소성은 처음 늘린 신장 위치 또는 길이, 체적 등 이전과 똑같은 탄성으로 돌아가지 않는 현상을 히스테리시스라 한다.

2) 가소성

건조모, 습윤모, 환원제 침전 모발의 신장은 명확하게 볼 수 있지만 습윤모와 환원제 침전된 모발에서는 거의 볼 수 없다. 그리고 환원제에 침전시킨 모발에는 약간의 힘으로도 길게 늘어짐으로써 고무 탄성이 상당히 증가한다. 결국 건조모는 가소성이 있고 습윤모와 환원제에 침전모는 가소성이 거의 없어 쉽게 탄성 됨을 알 수 있다.

알아두기

모발의 감촉

보통 모발을 만졌을 때의 감촉인 촉진과 눈에 의한 관찰인 시진에 따라 모발의 상태를 판단하고 있다. 3개 곡선 OA, OA', OA"에는 경사(탄성율)의 대소가 있다. 그림의 경사가 급하면 급할수록 동일하게 늘어나는 큰 힘이 필요하게 된다. 모발을 가볍게 쥐는 경우 늘어나지 쉬운 모발이 부드럽게 느껴지는 것이기 때문에 OA, OA', OA", 즉 건조모, 습윤모, 환원제 침전된 모발 순으로 부드럽게 느껴지는 정도가 크게 된다. 모발은 강하게 쥔 경우에는 경사뿐 아니라 입상선의 길이가 짧으면 부드럽게 느껴지는 것이기 때문에 환원제로 처리한 모발은 역시 부드럽게 느껴지게 된다.

TIP 모발의 무게신장곡선

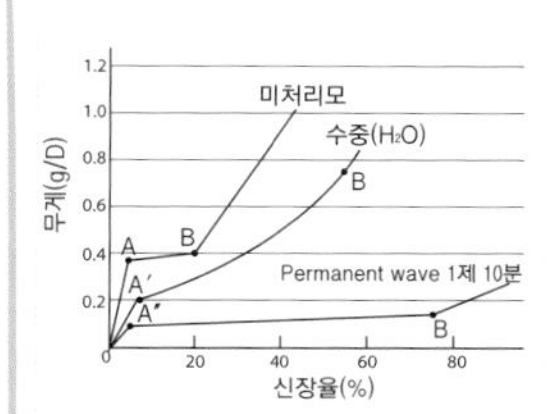

04 모발의 세트

모발은 구부렸다가 손을 때면 바로 원래의 형태로 되돌아간다. 이는 모발이 원래의 상태를 가지는 것으로서 내재력인 탄력성은 케라틴 내 측쇄결합의 절단과 재결합이 갖는 입체구조에서 유래한다.

모발의 화학적, 물리적 처리는 결정탄성이 갖는 일시적으로 단단함을 약하게, 고무탄성이 갖는 유현함을 강하게 변형시킨 후에 다시 원리의 단단함으로 회복시킨 변형인 가소성화는 세트(Set)의 상태가 된다. 세트는 그 원인과 성질에서 응집세트, 일시적세트, 영구세트 등으로 나눌 수 있다.

1) 응집세트(Water set)

모발을 물에 적시어 자연적인 건조에 의해 얻을 수 있는 세트로서 물과 공기 중의 수중기로 간단히 늘어지게 한다.

응집세트는 물에 의한 수소결합의 절단과 건조에 의해 재결합이 주원인이 되고 있다. 쉽게 절단되는 수소결합의 절단과 재결합은 힘이 약한 세트, 의류의 주름, 버릇모 등이 응집 세트와 유사한 현상을 가진다.

2) 일시적세트(Temporary set)

상온 펌제 TIP

(Cold perm agent)
염결합의 절단제로서 알카리제를 사용하면 열의 병용에 의해 안정된 새로운 가교가 되고 세트가 안정된다. 알칼리와 시스틴결합 절단제(아황산염)을 첨가한 것으로 처리하는 방법은 열을 병용하지 않고 상온에서 진행되는 화학 작용에 의한 방법이 상온 펌제(Cold permanent agent)이다.

응집세트보다 강하게 세트력이 형성되나 수분에 의해 소멸되는 것을 응집세트와 동일하며 건조 온도가 높은 편이 강한 세트력을 얻을 수 있다.

웨트헤어스타일링은 일시적인 고정으로서 물과 열의 작용만으로도 일부가 절단, 재결합됨을 얻을 수 있다.

3) 영구세트(Permanent Set)

일시적인 고정에서는 절단되지 않는 측쇄결합을 절단, 재결합함으로써 얻을 수 있는 안정된 세트이다. 측쇄결합의 절단은 고온의 물에서 장시간 적시면 얻을 수 있지만, 가교 절단제를 사용하면 저온 또는 단시간에 목적을 이룰 수 있다. 또한, 일시적인 세트와 영구적인 고정을 명확하게 구별할 수 없기 때문에 세트를 유지하거나 보호하는 시간의 장단과 안정성에 의해 구별된다.

요약

1. 탄성의 성질은 모발에 어떤 힘을 작용시켜 형태를 변형시킨 다음 가했던 힘을 제거할 시 모발 본래의 모발과 크기로 되돌아가려 하며 이와 같은 변형을 탄성변형이라 한다.
2. 모발에 외력을 가할수록 늘어남과 동시에 굵기는 가늘어지고 마침내 늘어나 끊어지기도 한다. 늘어난 비율을 신장률(%)이라 하고 끊어지는 무게를 인장강도(g)로 표시하고, 늘어나서 끊어지는 순간까지를 인장강도와 신장이라 한다.
3. 모발이 늘어나는 순간부터 끊어지는 순간까지의 변화를 나타내는 무게신장곡선은 종축에 하중, 횡축에 신장률로서 각 신장률에 대한 순간순간의 하중그래프를 이용 순차적으로 기입하는 것을 변형력-변형곡선이라 하며 융기점(강견점), 포스트 융기점(포스트 강견점), 파단점 등으로 분류된다.

연습 및 탐구문제

1. 모발 탄력성을 이해하고 설명하시오.
2. 인장 강도와 신장을 무게신장곡선과 비교하여 설명하시오.
3. 모발 탄성 움직임을 무게신장곡선과 비교하여 설명하시오.

참고문헌

1. 모발관리학, 류은주 외 4, 청구문화사, 1995, pp 85~96
2. 모박할, 류은주, 광문각, 2005, pp 189, 238, 263~268

모발의 특성

4 모발의 열, 전기, 광학적 성질

모발에 영향을 미치는 요인은 열전도성, 수분 흡수열 등이다. 모발의 열전도율을 직접 측정한 연구 보고는 없다. 수분 흡수가 클수록 발열량은 많다. 즉, 더운 곳에서 추운 곳으로 옮겨가면 섬유가 공기 중의 수분을 흡수하여 발열하므로 인해 급격한 온도 변화를 막아주기 때문이다. 전자는 일정 크기의 질량과 전하량을 가지고 있는 매우 작은 입자이다. 이것은 전자의 성질 중에서 가장 기본적인 것으로서 각각의 전자는 음(−)의 전기를 띠고 있다. 전자가 띠고 있는 전기량을 일반적으로 e 또는 q로 표시한다. 실제로 우리가 매일 일상에서 겪고 있는 것 중에서 전기적이 아닌 것은 중력뿐이다. 모발 고분자물의 분자 배향은 굴절률의 처리와 편광된 빛의 차이로써 평가할 수 있듯이 모발의 광학적 성질은 모발구조에 대한 정보가 될 수 있다. 다시 말하면 빛의 산란 및 반사는 모발 광택과도 관계되며 빛의 굴절 및 흡수는 분자구조, 배열도, 밀도, 팽윤도, 흡습 등에 의해 지배되는 것으로 모발의 실용적 임상가치(Original set & reset)와 밀접한 관계가 있다.

개요

첫째, 모발의 열·전기·광학적 성질에는 열에 관계된 성질로서 보온성, 내열성, 열가소성이 포함되며 둘째, 전기적 성질에는 수분, 온도, 정전기 영향, 모발 대전성에 대한 각종 인자의 영향 등과의 관련으로 살펴본다. 셋째, 광학성 성질에는 광선광학, 반사, 산란, 굴절, 흡수 및 광택 내일광성으로 구성됨을 살펴본다.

학습 목표

1. 열에 관계된 성질을 설명할 수 있다.
2. 정전기 효과를 6가지 요인으로 말할 수 있다.
3. 수분량과 저항에서의 정전기를 말할 수 있다.
4. 광학적 성질에 관한 요소들을 통해 설명할 수 있다.
5. 탄성 히스테리시스와 가소성을 제중곡선을 통해 말할 수 있다.

주요 용어

광선광학, 산란, 굴절, 복굴절, 반사, 광택

01 열적 성질

1) 보온성(Thermal insulation)

모발이 공기를 많이 함유할 수 있으면 보온 효과가 커지듯이 모발의 보온성은 섬유가 수분을 흡수할 때 열을 발생시키는 것에 관계한다.

2) 내열성(Heat-resistance)

모발은 염색이나 펌, 샴푸, 블로 드라이 스타일링, 컬리 아이론 등의 임상시술 과정에서 열에 견디는 정도를 말한다.

3) 열가소성(Thermoplasticity)

열과 힘의 작용에 의해 영구적이거나 일시적인 변형이 생기게 하는 성질을 열가소성이라고 한다.

모발을 컬리 아이론 또는 블로 드라이어로 헤어스타일을 연출할 때 모발형태가 갖는 본래의 모양으로 돌아가지 않고 일시적세트력을 가진다.

TIP 열고정

열가소성은 천연섬유보다 합성섬유가 우수하다. 왜냐하면 합성섬유 제품은 융점보다 조금 낮은 온도에서 열처리 후 잡은 형태(Set)이다. 이를 열고정이라고 한다.

02 전기적 성질

1) 수분의 영향(Effect of moisture)

모발에 흡수된 수분은 케라틴 분자 측쇄들의 친수성기와 견고하게 결합한다.

2) 온도의 영향(Effect of temperature)

온도의 상승에 따라 쌍극자 운동에 대한 제한은 감소 된다.

3) 정전기(Static electricity)

모발은 양전하를 먼지는 음전하를 띠고 있을 경우 먼지는 견고하게 부착되어 오염은 더욱 심화된다. 따라서 모발은 절연성이 좋으므로 마찰시키면 전하가 형성된다.

정전기 측정법 TIP

모다발(Hair strand)을 24시간 소정의 온도와 습도를 조절한 다음 일정 방법으로 모다발을 풀어 정전기를 일으킨 때의 모발의 부풀기를 측정하여 상대적인 정전기량을 평가한다. 또 다른 방법으로는 모다발을 습윤 조정하고 빗등 부분에 동선(銅線)을 묶는 특수한 빗을 오실로 그래프에 접속하고 일정 방법으로 모발을 푸는 방법이다. 빗에 발생한 전하는 이론적으로는 모발에 발생된 전하와 같은 값으로서 정부(正負)가 반대의 전하가 된다.

전하를 띤 모발과 반대 전하를 띤 먼지 사이에도 역시 인력이 작용하게 되어 모발은 대기 중에서 오염되기 쉽다.

① 마찰열(Trictional heat)

마찰에 의해 국소적 또는 순간적으로 고온이 생겨 전자가 전도대에 여기된 이 자유전자가 타 물질에 이동됨으로써 하전된다.

② 비대칭 마찰(Asymmetry friction)

모발 한 올은 고정시키고 다른 한 올을 움직여 마찰시키는 것으로써 2개의 모발이 같은 물질이라도 (+)와 (-)로 분리 하전 되는 경우 온도 분포로 인하여 하전입자 또는 하전전자의 확산이 일어난다.

③ 마모분의 이동

마찰에 의해 생긴 마모(Abrasion)분이 하전입자를 포함하고 있을 때는 그 이동에 의해 하전된다.

④ 기체의 방전

마찰 전기의 양은 마찰 되는 면적에 비례하여 증가하지만, 어느 정도는 포화값에 도달된다. 이 포화값을 결정하는 요소는 주로 주위 공기의 방전과 모발 표면의 누전저항으로 나타난다.

⑤ 누전저항

표면 또는 전체의 절연이 나빠져 전하가 누전될 때는 하전량이 감소된다. 실제로 습도가 높은 여름철보다 건조한 겨울철에 하전장애가 많이 일어난다.

⑥ 온도(Temperature)

온도 상승과 더불어 하전량은 감소된다. 온도가 높을수록 시료 자체의 누전 저항이 감소되기 때문이다.

알아두기

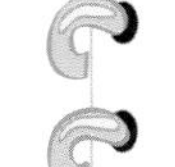

탈레스(Thales)는 기원전 600년에 정전기 효과에 관한 가장 오래된 최초의 기록을 남겼으며, 그 후 18세기에 이르러 비로소 정전기 현상에 대한 연구가 시작되면서 전기적 특성에 관한 이해가 일반화되기 시작하였다. 일반적으로 정전기는 두 가지 물질이 접촉되었다가 분리되면 전하의 이동 → 전하의 분리 → 전하의 완화 과정을 거치면서 정전기가 발생했다가 소멸된다. 전류의 발견 이후에도 정전기의 발생은 여러 난점을 일으켰다. 즉 같은 종류의 전하 사이에는 서로 반발력이 작용하여 재료 취급에 난점이 따르게 된다.

이처럼 정전기는 움직이지 않는 전자 또는 이온에 의해 일어난다. 정전기는 모발을 빗질하거나 브러싱할 때의 마찰이나 압력으로서 마찰에 의해 일어나는 정전기는 마찰 전기, 압력에 의해 일어나는 정전기는 압전기로 불린다. 정전기에 대한 실제의 관심은 그 발생 및 소실이다. 일반적으로 고(高)전기 저항을 갖는 물질을 예를 들면 모발, 양모, 비단, 나일론은 실이나 레이온과 같은 전기 저항이 낮은 물질보다도 정전기가 모이기 쉽다. 모발의 저항을 낮게, 보다 전기가 흐르기 쉽게 함으로써 주위 환경의 전기 저항을 낮추어 마찰 에너지(Brushing)를 감소시킨다.

이러한 방법에 대한 해결책들은 이미 시판된 모발관리 제품에 사용되고 있다. 정전기 제거의 일반적인 방법은 전기전도성이 양호한 유지류를 도포하거나 또는 혼입하여 절연 저항을 감소시켜줌에 의한다.

5) 모발 대전성에 대한 각종 인자의 영향

① 수분량, 저항과 정전기

모발의 수분량은 정전기에 관한 다른 어떤 인자보다도 큰 영향을 전한다. 수분량이 변화하면 모발의 전기 저항이 변화하기 때문이다. 습도가 증가함에 따라 감소하는 정전기 현상은 상대습도가 크게 되면 모발의 수분량은 증가하고 전기 저항이 감소하기 때문이다.

② 모발 빗질 시 정전기

모발을 샴푸하고 빗질하는 실험에서 정전기에 의한 모발의 팽윤과정(팽윤되어 손상되는 것)은 빗질 횟수에 의해서도 발생된다. 따라서 정전기 발생을 억제하는 요령으로서 모발을 빗질할 때 빗질을 약하게 조심스럽게 하는 것도 하나의 방법으로 볼 수 있다.

③ 전하의 부호

모발은 섬유 단백질로서 마찰을 가했을 때 일어나는 정전기는 마찰의 방향에 의존한다. 모발 섬유의 비늘층이 전부 같은 방향으로 향했을 때 한 가닥의 모발을 모다발 속에서 모근 쪽 가까이에서 당겨 뽑으면 그 모발은 정전기가 발생한다. 그러나 당겨 뽑힌 모발이 다른 모다발과 반대 방향이거나 모표피가 없는 경우에는 정전기가 발생하지 않는다. 왜 그런가에 대해서는 충분히 알 수 없으나 모표피의 이질성(異質姓)에 의한 것으로서 모표피 선단(先端)은 모표피 표면과는 다른 마찰전기 특성을 가지고 있으며 모발에 대한 모근에서 모간 쪽 방향으로 마찰하면 대부분 모표피 표면이 마찰되나 모간에서 모근 방향으로 마찰시키면 주로 모표피의 모간 쪽이 마찰된다.

④ 정전기의 발생량에 대한 각종 처리의 영향

일반적으로 삼푸제 처리보다도 크림 린스 처리의 쪽이 모발에서의 정전기는 적다. 이는 모발의 대전성 및 빗질에 의한 모발과의 마찰 저항이 감소되기 때문이다. 크림 린스 성분은 이온성이므로 섬유의 저항을 저하시키며 윤활제로서의 역할에 의해 빗질을 용이하게 한다.

03 광학적 성질

모발의 광학적 성질 또한 모발 구조에 대한 정보가 될 수 있다. 특히 고분자물의 분자 배향은 굴절율의 차이와 모발섬유축에 대하여 여러 방면에서 편광된 빛의 흡수 차로써 평가할 수 있다. 빛에 관한 이론은 맥스웰의 전자기 이론으로서 광학적 성질에 대한 기초가 된다.

모발에 빛이 조사되면 부분적으로 투과, 흡수 또는 반사되며 이 세 가지 현상에 따라 각각의 움직임이 모발표면에 대한 시각적 감상을 결정한다. 빛의 반사 및 산란은 모발의 광택과 관계되며 굴절 및 흡수는 분자구조, 배열도, 밀도, 팽윤도, 흡습 등에 의해 지배되는 것으로서 모발의 실용적 임상가치와 밀접한 관계가 있다.

1) 광선광학(Light optics)

빛은 전자기파이고 일반적으로 파동은 직선으로 움직이지 않는다. 그림에서 크기 d인 구멍을 통과하는 파장 λ일 파동, d인 경우 파동은 오른쪽 지역으로 퍼져 나간다. 이러한 광선의 휨을 회절이라 한다. $d > \lambda$인 경우 파동은 원래의 방향으로 진행한다.

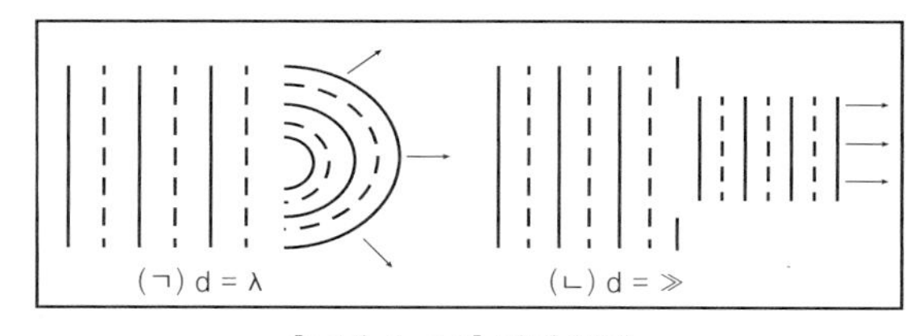

[그림 4-17] 빛의 전파

알아두기

연기 자욱한 영화관의 영사실에서 나오는 빛이나 아침 안개 자욱한 숲 사이로 빛나는 햇빛은 곧바른 선으로 진행하는 것으로 나타난다. 또한 청명한 날에는 물체의 그림자가 더욱 선명하다. 따라서 빛의 전파를 광선으로 다루는 것은 자연스럽다. 광선은 아주 좁은 빛의 흐름에 해당하며 파동에너지가 진행하는 경로를 나타낸다.
기하광학(Geometric Optics)은 단순한 기하학적 각도를 사용하여 두 매질 사이의 접촉면에서의 곧은 광선의 행동을 연구한다.

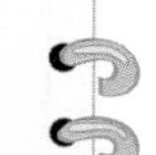

2) 반사(Reflexion)

거친(Diffuse) 표면에서의 난반사인 경우 반사광은 모든 방향으로 진행한다. 반면 매끄러운(Specular) 표면에서의 반사인 경우 반사광은 같은 방향으로 진행한다.

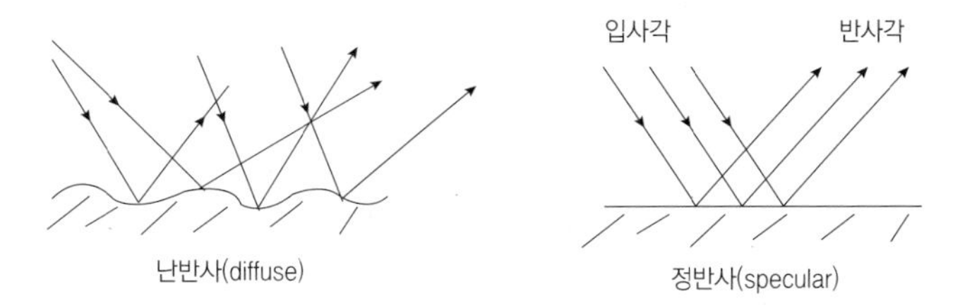

[그림 4-18] 반사의 법칙

알아두기

평행한 광선이 유리와 공기 같은 두 매질의 경계면에 비스듬히 입사하는 경우 일반적으로 일부 빛은 반사하고 나머지는 통과하거나 흡수된다. 표면이 매끄러운 경우에는 반사광과 입사광의 각도 사이의 관계는 간단하다. 이러한 거울 반사는 표면의 불규칙한 정도가 입사광의 파장보다 작은 경우에 나타난다.

거울 반사에서는 반사된 빛을 한 방향에서만 볼 수 있다. 물론 난반사의 경우에도 각 광선은 반사되는 작은 부분에서 거울처럼 반사한다. 다만 이런 모든 부분이 제멋대로 향하고 있기 때문에 반사광은 같은 방향으로 진행하지 않는다.

3) 산란(Scattering)

파동이 진행해 나아갈 때 파동의 크기 또는 그보다 작은 장애물을 만나면 파동은 그 장애물을 중심으로 하여 사방으로 퍼져나간다. 이런 현상을 산란이라 한다.

알아두기

산란의 정도는 파장이 짧을수록 크다. 빛의 산란은 파장의 4 제곱에 반비례하게 된다. 예를 들면 하늘이 파랗게 보이는 것은 파장이 짧은 파란색 부분의 빛이 대기 중에서 강하게 산란을 일으켜 눈에 들어오기 때문이다.

아침저녁 노을을 볼 수 있는 것은 햇빛이 공기층을 지나오는 동안 파란색(주로 산란되는 빛)은 모두 산란되어 버리고 파장이 긴 빨간색(주로 산란되지 않는 빛)만 통과해오기 때문에 생기는 현상이다.

4) 굴절(Reflection)

빨대로 된 스트롱이나 젓가락을 물이 담긴 그릇에 부분적으로 담겨져 있으면 매질 속에 보이는 스트롱이나 젓가락은 굽어 있는 것처럼 보인다. 돋보기는 햇빛을 한 점에 모으거나 물체가 크게 보이도록 한다.

프리즘을 통과한 햇빛은 연속된 아름다운 색깔을 만든다. 이러한 다른 많은 광학적 효과는 두 매질의 경계면에서 광선이 굽어지게 되는 굴절 때문에 생긴다.

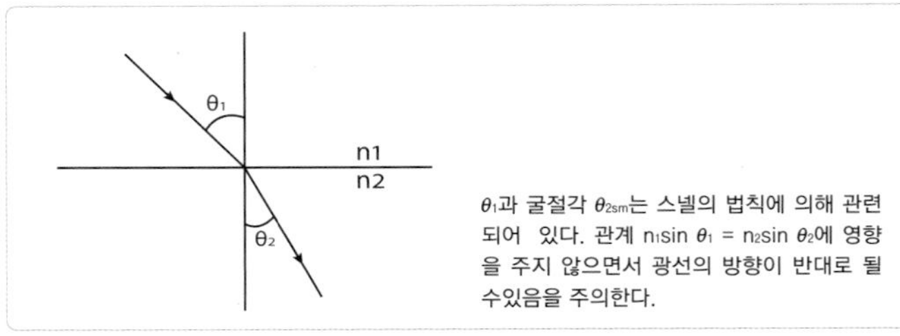

θ_1과 굴절각 θ_{2sm}는 스넬의 법칙에 의해 관련되어 있다. 관계 $n_1 \sin \theta_1 = n_2 \sin \theta_2$에 영향을 주지 않으면서 광선의 방향이 반대로 될 수있음을 주의한다.

[그림 4-19] 프롤레마이오스의 굴절

위의 [그림 4-19]에서 보는 것처럼 입사광과 굴절광의 방향은 경계면의 점선을 기준으로 잰 입사각과 굴절각으로 나타낸다.

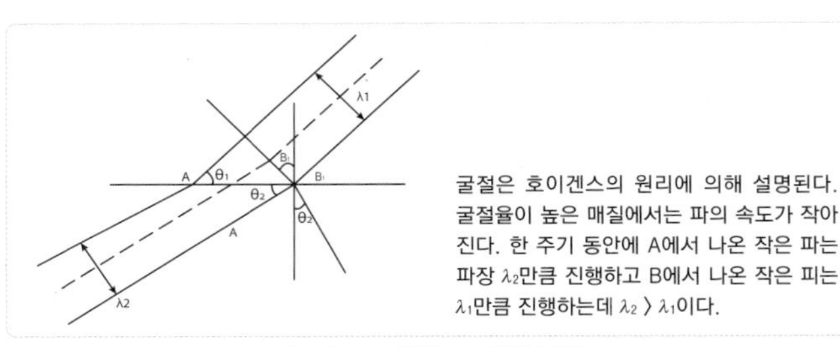

굴절은 호이겐스의 원리에 의해 설명된다. 굴절율이 높은 매질에서는 파의 속도가 작아진다. 한 주기 동안에 A에서 나온 작은 파는 파장 λ_2만큼 진행하고 B에서 나온 작은 피는 λ_1만큼 진행하는데 $\lambda_2 > \lambda_1$이다.

[그림 4-20] 스넬의 굴절

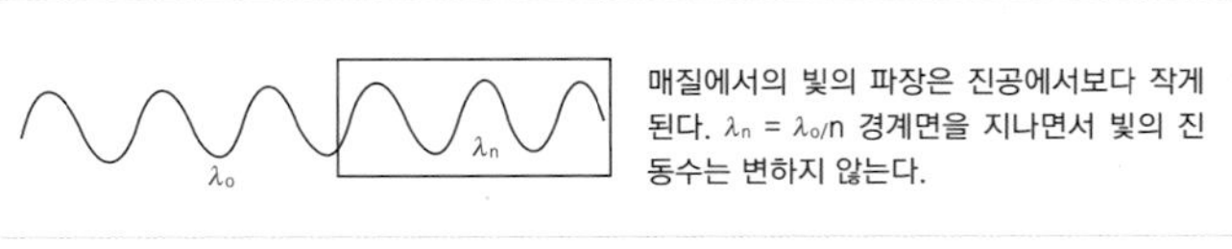

매질에서의 빛의 파장은 진공에서보다 작게 된다. $\lambda_n = \lambda_o/n$ 경계면을 지나면서 빛의 진동수는 변하지 않는다.

[그림 4-21] 빛의 진동수

5) 반사 및 광택(Relexion and Luster)

> **TIP 반사율**
> $\frac{\text{반사된 광선의 양}}{\text{전체 광선의 양}} \times 100$

반사는 입사각과 색 그리고 편광에 따라 달라진다. 이처럼 반사로 인해 시각적으로 나타난 외양이 물질의 광택을 결정한다. 광택은 주관적으로는 쉽게 관찰되지만, 객관적인 특징을 부여하기란 극히 복잡하다.

광택은 섬유의 미적인 관점에서 볼 때 매우 중요한 성질이다. 빛이 섬유 표면에 도달하면 [그림 4-22(a)]에서와 같이 반사각에 따라 특정한 방향으로 반사되거나 [그림 4-22(b)]에서와 같이 반구에서 여러 각도로 확산되거나 [그림 4-22(c)]와 같이 위의 두 경우가 조합된 상태를 나타내게 된다.

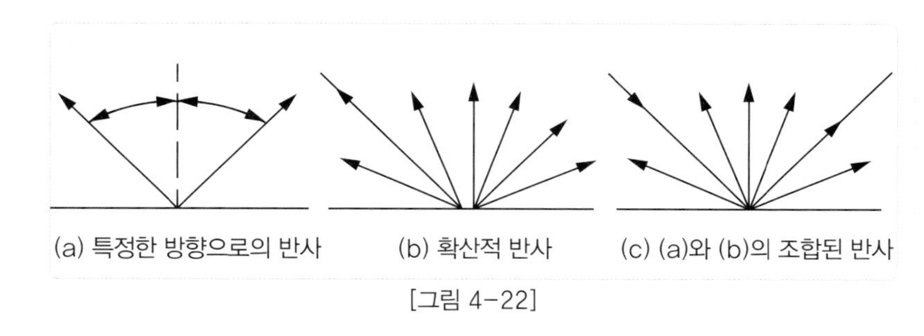

[그림 4-22]

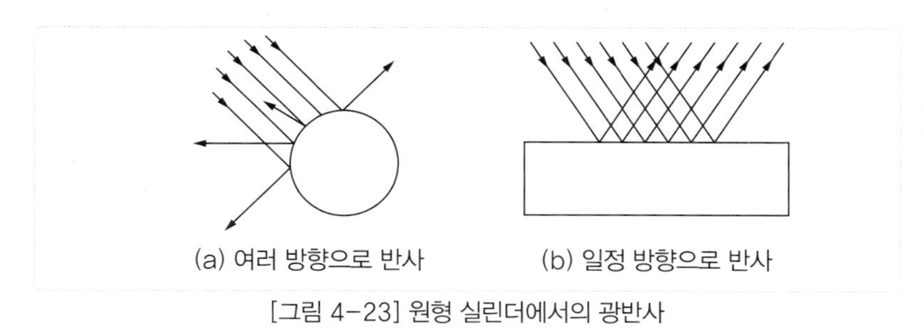

[그림 4-23] 원형 실린더에서의 광반사

① 모발의 빗질 방향에 따른 광택

> 모다발 또는 두상(Head)의 두발 길이를 나란히 정돈하여 빗질했는가에 따라 광택 평가에 큰 영향을 주며 두발의 광택이 약간 변화하는 것에 대해 측정한다는 것은 어렵다.

모발이 길이대로 평행하게 빗질되어 있을 때에는 정반사광은 최대가 되며 확산반응은 최소가 된다.

② 모발 길이의 방향과 광택

> 한 가닥의 모발 또는 모다발에서도 모축을 포함한 모발면 내에 반사시키는 편이 모발에 대해 직각으로 반사시킬 때보다도 광택이 있다.

모표피의 비늘층 방향으로 빛을 입사시키면 모표피의 비늘층 역방향에서 입사할 때보다도 반사광이 크나 확산광은 적다. 모발 길이 방향에 맞추어 평행의 각도로 빛을 비추면 큰 각도로 빛을 비추는 것보다 광택은 더 많이 난다.

③ 모발색 또는 염색모의 광택

어두운색의 모발은 밝은색의 모발보다도 광택이 있게 보인다. 빛의 일부는 모발 표면에서 반사하고 남은 것은 모발의 모표피 가운데로 들어가 내부의 불규칙한 반사보다 산란시켜 다시 나올 때는 확산광이 증가하지만, 모발에 색을 입혀 염색한 경우 확산광의 일부는 모발 표면에서 나오기 전에 흡수되어 약하게 되어 염색하지 않은 모발이나 금발보다도 광택이 더 나는 것처럼 보인다.

④ 샴푸 및 피지와 광택

피지 또는 비누 샴푸가 모발의 광택을 감소시키는 것을 나타내고 있다. 비누의 효과는 경수 중에서 또는 100ppm의 경도 석검을 포함한 샴푸가 마찬가지의 효과가 있는 것을 확인했다. 이들의 데이터에서 피지 및 샴푸에서 부착된 석검분은 명확하게 모발의 광택을 감소시킨다.

[표 4-6] 모발의 대비 광택도(정반사/확산반사의 비)에 대한 샴푸의 영향

단계	샴푸의 영향	data
단계 1	두개피에서의 유성 모발	0.411
단계 2	시판의 석검 샴푸에 의한 세정	0.466
단계 3	시판의 TEALS 샴푸에 의한 세정	0.538

⑤ 헤어스프레이와의 광택

헤어스프레이 희석액 중에 모발을 담아 담그기 전후의 광택을 측정하는 것에 의해 시판 헤어스프레이에 의한 모발의 광택변화를 검토할 수 있다. 정반사광은 원액의 농도 및 사용되고 있는 수지의 종류에 의해 다르지만 2~4% 감소했다.

⑥ 모발에 대한 마모와 광택

백 콤 또는 거친 브러싱을 하면 모표피의 모간 부분의 모표피를 불규칙적인 모발 표면을 만들어 모발의 광택을 감소시킨다. 브러싱 또는 빗질 시 모발의 흐름을 정돈함으로써 이 같은 광택의 감소를 예방한다.

6) 내일광성

모발이 자연환경에 오랫동안 노출되면 일광, 물, 공기 등의 작용에 의해 강도가 떨어진다. 자외선에 의해 모발이 손상을 받으면 공기 중에 있는 산소와 수분이 모발 고분자의 분해를 촉진시킨다.

요약

모발의 수분량은 정전기에 관한 다른 어떤 인자보다도 큰 영향을 전한다. 정전기는 습도가 증가함에 따라 감소하는 이 현상은 상대습도가 크게 되면, 모발의 수분량은 증가하고, 전기저항이 감소한다. 모발에 빛이 조사되면 부분적으로 투과, 흡수 또는 반사되며 이 세 가지 현상에 따라 각각의 움직임이 모발표면에 대한 시각적 감상을 결정한다. 빛의 반사 및 산란은 모발의 광택과 관계되며, 굴절 및 흡수는 분자구조, 배열도, 밀도, 팽윤도, 흡습 등에 의해 지배된다. 광택에서 모발 표면에 빛을 비추면 입사광은 모발 표면에서 반사 또는 굴절된다. 빛의 굴절이 일어날 때 모발은 광택을 잃고 빛의 흡수가 일어나면 광택은 증가한다. 일반적으로 정반사와 난반사는 동시에 일어나나 빛이 있는 표면에 입사하면 그 일부는 입사각과 같은 각도에 정반사하고 다른 일부는 입사각과 다른 각도로 난반사한다.

연습 및 탐구문제

1. 모발의 열·전기·광학적 성질을 모발 구조에 적용시켜 설명하시오.
2. 광학적 성질에서 반사·산란·굴절·광택을 미용술과 비교하여 설명하시오.
3. 탄성시스테리시스와 가소성을 모발 탄성 움직임과 비교하여 설명하시오.
4. 모발세트를 일시적, 영구적으로 나누어 설명하시오.

MeMo

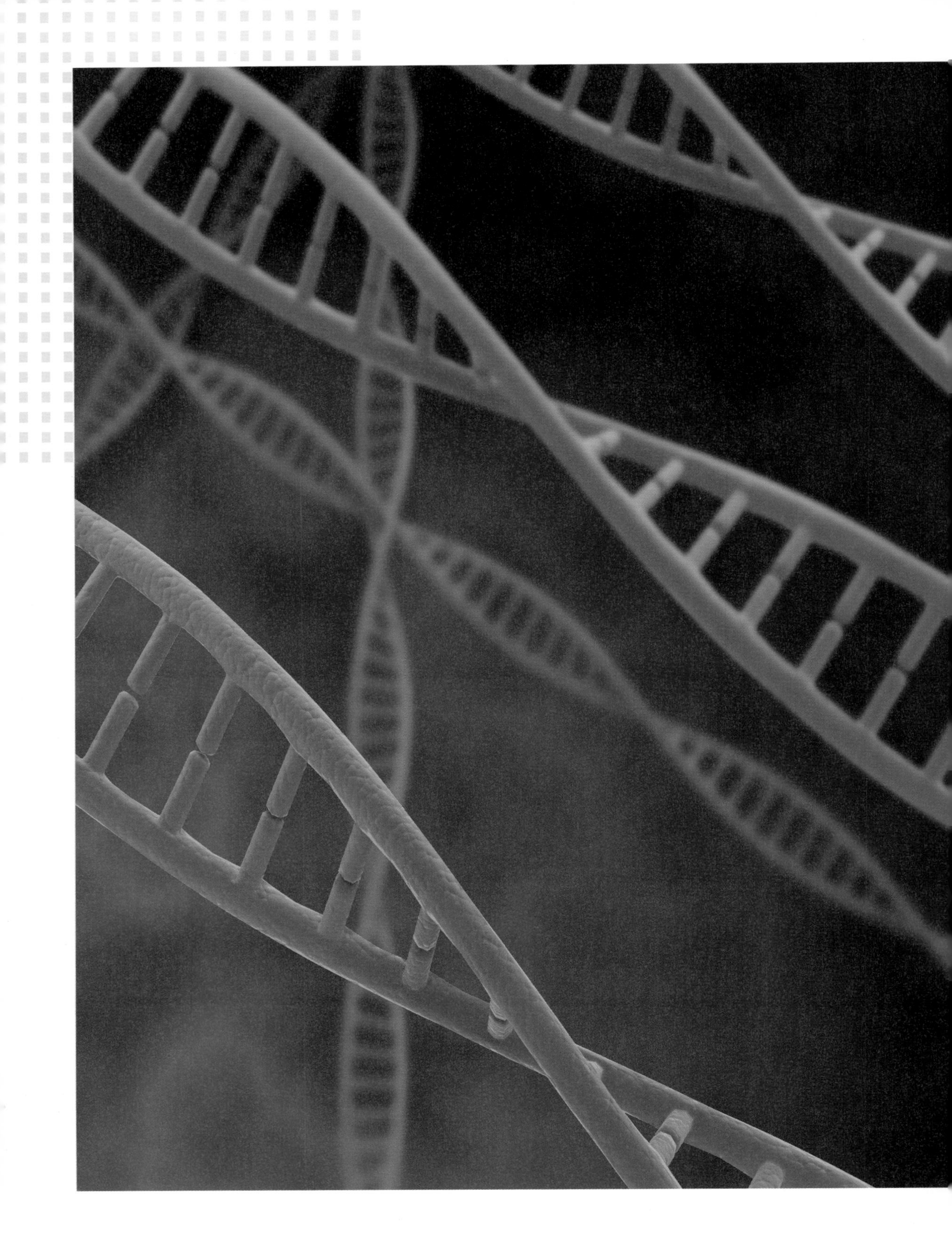

모발의 손상·진단·처치

미생물의 발육을 멎게 하는 방법 또한 비듬의 탈락에 있듯 두개피에 상처나 염증 질환 또는 탈모 증상 등이 있으면 임상 시술을 피해야 한다. 한선에서 분비되는 땀은 염분, 젖산, 요소로서 pH4~6.8이며 미생물이 두개피 표면에 기생하는 것을 방어한다. 모단위 피지선을 이루고 있는 피지는 인체의 땀과 섞여서 산성막을 형성한다. 이 산성막은 모표피를 감싸 모발 간 마찰을 줄여주며 윤기와 광택을 제공한다. 동일한 사람의 모발에서 두개피 내 부위에 따라 또는 생육 발생 당시의 영양 상태나 신체 조건에 의해 한 가닥의 모발에서도 근원, 중간, 모선의 각 부분에서의 굵기가 달라짐으로써 모질도 달라진다. 손상은 외견상 모표피가 찢어졌거나 끊어진 모발로서 나타내나 내적으로는 모발의 구성하고 있는 성분 파괴와 유실에 따른 탄력 감소 등으로 진단할 수 있다.

개요

모발은 사람마다 또는 자라는 부위에 따라 한 올의 모발이라도 모근부, 모간부 또는 모간부 내에서도 길이에 따라 굵기가 다르므로 모질도 다르다. 이는 모발이 모유두에서 탄생하는 과정에서 그 사람의 영양 상태, 건강 등의 영향에 좌우되어 굵기와 모질이 변화하는 이유 가운데 하나이기도 하다. 모발은 선상 고분자의 모간부가 길게 늘어져 있어서 여러 가지 외부자극을 받기 쉬우므로 모질은 변화한다.
이 장에서는 두개피 기초지식으로서 모발과 관련된 손상, 진단과 손상요인으로서 화학적, 물리적, 건강적 요인에 의한 환경에 의한 손상을 살펴본 후, 모발의 진단으로서 감각에 의한, 기구에 의한 모발 손상에서의 처치는 모표피의 유막형성, 수지막형성, 모발 간충물질의 보급 등의 처치를 살펴본다.

학습 목표

1. 모발 손상의 요인으로서 일상적 손질과 화학처리, 환경, 생리적 요인 등에 대해 말할 수 있다.
2. 모발 손상에서의 진단과 요인에 관해 설명할 수 있다.
3. 모발 진단의 요인에 관해 설명할 수 있다.
4. 모발 손상에서의 처치에 관해 설명할 수 있다.

주요 용어

감성적 진단. 알칼리 용해도, 저항성모, 지모, 절모, 모경, 유막, 수지막

1 두개피의 기초지식

각질화되고 생명력이 없는 두개피 내 모발(Scalp hair, Capillus)의 모간은 단백질, 수분과 염색소 또는 무기질, 지질 혹은 지방으로 구성되어 있다.

1 모발 손상

1) 일상적 손질에 의한 손상

모발은 일상 빈번하게 행하는 샴푸, 타월 드라이, 브러싱, 빗질 등 모발끼리 마찰에 의해 자극을 받게 된다.

① 타월 드라이

샴푸 후 모다발을 타월에 감싼 후 두드려서 건조시켜야 하나 비벼서 손질하는 경우 팽윤되어 있는 모발 간 비늘층이 부풀어 비늘층 가장자리가 바스러져 떨어질 수 있다.

② 샴푸

거품이 풍부하지 못한 상태에서 씻으면 모발 간 마찰이 크게 된다. 거품은 오염을 제거해 줄 뿐만 아니라 쿠션 역할에 의해 모발 간 마찰을 막아준다.

③ 빗질

무리한 브러싱이나 빗 사용 시 정전기적 마찰에 의해 손상을 준다.

④ 블로 드라이 헤어 스타일

모발을 역으로 강한 바람을 주었을 때 모표피의 박리를 가져다준다.

⑤ 과도한 열 또는 자외선

과도한 블로 드라이어나 컬리 아이론, 프레스 등을 이용 시 모발 케라틴을 변성시키거나 모발 구조를 절단 분해시킨다.

⑥ 모단면 절단

커트 시 틴닝이나 레이저 등 칼날이 정비되지 못한 도구를 사용 시 모발 단면의 절단면에 모발 미세구조의 유출이 형성된다.

2) 화학 처리에 의한 손상

과도한 탈색 또는 염모, 펌 등을 시술할 때 모질에 대한 용제의 잘못된 선정이나 시술 미숙 등과 시술 후 모발 처리 미숙에서도 손상을 초래한다.

3) 환경에 의한 손상

음식물의 중금속 오염이나 대기 중의 배기가스로서 유황산화물, 질소산화물과 오염물은 모발의 생리 및 형태의 손상 또는 축적을 가져옴으로써 탈모를 유발한다.

4) 생리적 요인에 의한 손상

호르몬 불균형 및 편식, 다이어트, 스트레스 등은 모발 성장과 미세구조 형성에 지장을 초래한다.

2 모발 손상에서의 진단

1) 물리적 손상에서의 진단

① 감성적 진단

시진, 촉진 시 모발에 광택과 윤기가 없으면 탄력 및 기모, 빗질 등이 잘되지 않는다. 이는 개인차를 비교함으로써 느낌에 따라 평가한다.

② 마찰 저항 진단

모표피의 손상이 클수록 마찰 저항은 크게 된다.

③ 인장 강도 진단

모발섬유에 외력을 가할 경우 모발 내 모피질에서의 인장 강도가 크다. 손상도 만큼 신장 또한 비율이 크며 적은 무게에도 잘 절단된다.

④ 팽윤도 측정

모발의 수분 흡수량은 모발의 중량 증가로 조사된다. 일반적으로 강모일 경우 15% 전후 중량이 증가하지만 손상된 만큼 중량 증가는 크게 된다.

2) 화학적 손상에서의 진단

① 알칼리 용해도

알칼리 처리된 모발은 모표피 손상과 함께 중량이 감소된다. 이는 모피질 내의 간충물질이 알칼리 용액에 용해되어 모표피의 손상을 통해 유출되기 때문이다.

② 아미노산 조성변화

손상도가 큰 모발은 시스틴결합 양은 감소되나 시스테산(Cysteic acid, SO_3H)은 증가한다.

3 두개피부 진단

두개피부 표면은 땀샘과 지방샘에서 분비된 혼합 피지막으로서 pH는 4.5~5.5 산성막 상태일 때 최적의 상태임을 나타낸다. 한선을 통하여 분비되는 땀은 염분, 젖산, 요소 등 pH 4.0~6.8로서 미생물이 두개피부 표면에 기생하는 것을 방어하나 미생물의 발육을 억제하는 또 다른 요인은 비듬의 탈락을 들 수 있다.

알아두기

두발과 같이 두개피부의 관찰이 무엇보다 중요하다. 콜드 웨이브 로션인 제1제를 모발에 도포하면 용액이 두개피부에 떨어지거나 묻기가 쉽다. 이때 특히 두개피부와 발제선(Hair line)에 부착된 용액은 염증을 유발시킬 수 있는 원인이 된다. 사전에 올리브유와 두개피용 보호크림을 도포함으로써 두개피부를 보호할 필요가 있다.
손상된 두개피부나 지루성 두개피부염이 발병된 경우 헤어스타일을 위한 화학용제 처리는 염증 증상을 더욱 조장시킨다. 건조성과 예민성 두개피부 등은 화학용제 처리 후 비듬을 더욱 유발시킨다. 두개피에 상처나 염증질환 또는 탈모 증상 등이 있으면 시술을 피한다. 시술했을 경우 화학제가 스며들어 염증이 일어날 수 있으며 심하면 탈모 현상을 일으킨다.

4 두개피 내 모발 진단

[그림] split end

각질화되고 생명력이 없는 두개피부에 부착된 모발이라 해도 단백질, 수분, 염색소 또는 무기질, 지질의 생화학 물질임으로 두발 제품이나 환경과 두발 손질 등에 의해 영향을 받을 수 있다.

1) 다공성모(Porous hair)

약간의 모다발을 잡아서 모간 끝에서 모근으로 역방향인 두개피부 쪽으로 손가락으로 밀어 봤을 때 밀려서 나가는 모발의 양이 많으면 다공성모로 볼 수 있다.

① 다공성모의 특징

- 샴푸 시 건조 시간이 길다.
- 파상모가 직모보다 수분 보유력이 적다.
- 자외선 또는 염소수에 자주 접한 모발은 다공성이 크다.

② 다공성모의 역할

모발의 수분 및 용액 흡수 능력 측정의 지표로 이용된다.

TIP 모발상태에 따른 분류

모발 상태의 표면으로서 일반적으로 건조모(Dry hair), 다공성모(Porous hair), 민감모(Sensitized hair), 손상모(Damaged hair), 부서지기 쉬운모(Brittle hair), 저항모(Resistant hair)등으로 분류시킬 수 있다.

2) 저항성모(Resistant hair)

모표피 세포 수뿐 아니라 비늘 층간 간격이 좁게 밀착되어 물이나 제품의 흡수력에서 저항력을 갖는다. 물리적인 진단 방법으로서 모발에 물을 분무했을 때 흡수되는 것보다 흘러내리는 양이 많다.

3) 모발의 질(Texture of hair)

모발 가닥의 크기나 직경이 갖는 모발 감촉으로서 곱슬 모발(Curly hair), 직모(Straight hair), 두꺼운 모발(Thick hair), 가는 모발(Thin hair), 두껍고 다소 뻣뻣한 모발(Coarse hair) 등이 갖는 모질을 나타낸다.

4) 모발의 탄력성(Elasticity of hair)

모발을 늘렸을 때 다시 원상태로 돌아가는 성질 즉, 신축도를 나타낸다. 탄력이 좋은 모발일수록 염색 또는 펌이 오랫동안 지속한다.

TIP 신체 상태와 모발 밀도

- 임신 기간 중: 밀도 변화 없음
- 모발밀도: 여성 > 남성
- 50세 이후 모발밀도: 남녀 모두 감소
- 청소년기 모발 밀도: 가장 높음
- 화학적 처리 후 모발밀도: 감소
- 나쁜 빗질 습관: 감소
- 색에 따른 모발밀도: 금발 > 적색

5) 모발의 밀도(Density of hair)

같은 면적 안에 모발의 수가 많으면 밀도가 높은 것으로서 굵은 모, 얇은 모, 숱이 적은 모, 숱이 많은 모, 드문드문 난 모발 등은 모발의 밀도를 표현한다.

6) 모발의 두께(Diameter)

모발을 전체적으로 보았을 때 두께의 차이는 식별하기 어렵다. 마이크로게이지 또는 마크로메타(Macrometer)를 이용 측정시키면 수치가 나온다.

7) 모발의 고착력

성장기 시 모근은 모낭 안에 고착되어 있다. 모근을 싸고 있는 가장 아래층 외모근초와 내모근초 내면은 서로 밀착되어 있고 모구 기저에는 모유두가 형성되어 서로 분리가 잘 되지 않는다. 한 가닥의 모발을 뽑기에는 평균 50g의 힘이 필요하다.

8) 모발의 경도

일반적으로 모발은 색이 검고 굵으면 무거우며 색이 엷고 가늘면 가볍다. 또한 모표피의 비늘 층이 많으면 무겁고 얇으면 가볍다.

9) 모발의 흡습성

> 모발 흡습성을 응용하여 습도 온도계나 흡착제로써 이용하기도 하며 시술 시 염색제, 탈색제, 펌 용제 등의 사용 농도를 요구하기도 한다.

모발은 습도의 변화에 아주 민감하다. 건강모는 10~15%의 수분을 함유하며 손상모가 되면 10% 미만이 된다. 모발 최대 흡수량은 35%로써 모발이 손상될수록 흡습량은 더욱 커진다.

10) 모발의 열변성

모발은 열에 강하나 건조열과 습열 등의 상태에 의해 달라질 수 있다.

① 건열

- 130℃ 전후에서 팽창된다.
- 140℃에서 모수질 내의 기포가 팽윤된다.
- 180℃ 이상에서 모피질이 팽윤된다.
- 200~240℃에서는 기포의 일부분이 파열된다.
- 270℃ 이상이면 탄화가 시작된다.

② 습열

- 100℃ 전후에서 시스틴이 감소된다.
- 130℃에서 10분간 열을 가하면 α케라틴이 β형으로 변성한다.

11) 모발의 광학적 성질

> 모발에 영향을 주는 적외선(열선, 물체에 닿으면 열을 발생)과 자외선(도르노선, 화학선)이 있다.

모발 케라틴은 과도한 자외선에 의해 케라틴 변성인 모발의 시스틴 함량이 줄어들거나 멜라닌색소가 파괴되어 모발 손상과 탈색이 유발된다.

알아두기

모발 손상은 과도한 열처리나 스타일링 기구의 사용으로서 모발 내 발포(Blistering)와 균열을 형성시킨다. 가장 빈번히 일어나는 모표피 손상 중의 하나는 마모된 모표피 상태이다. 특히 웨트헤어스타일 시 모다발을 잡아당길 때로서 젖은 모발이 건조 모발보다 약하므로 시술 시 주의해야한다.

마모되고 부서진 모표피는 고무줄이나 꽉 조이는 헤어클립과 땋은 머리형(Braid)에 의해 더욱 손상이 가중될 수도 있으며 롤러를 이용 너무 단단하게 모발을 마는(Winding or Wrapping) 것도 마찬가지다. 모발 끝의 갈라짐은 모표피에 금이 가는 것에서부터 시작하여 결국은 부서지거나 모피질 다발에까지 영향을 미치므로 끝이 갈라진 모발을 잘라내지 않으면 연쇄적으로 더욱 심하게 갈라진다.

2 모발 손상 요인

모발은 펌, 염색과 관련된 환원제와 산화제의 사용 부주의에 의한 손상과 자외선, 다이옥신 등 지구 환경 변화에 의해서도 손상 요인이 된다. 강도가 약한 모발은 지모, 절모 등의 원인이 되거나 그밖에 병 치료를 목적으로 하는 투약에 의해서도 모발은 손상이 발생된다.

1 화학적 손상

1) 펌에 의한 손상

모질에 맞지 않는 환원제의 과잉 반응과 산화제의 도포, 방치 타이머 등 조작이 부적절한 경우 모발은 제1제로 환원된 그대로의 상태에서 모발 가소성이 회복되지 않기 때문에 모표피가 손상될 뿐 아니라 모발 내부 물질의 유실에 의해 탄력이 없어지고 약해져서 손상으로 진행된다.

로드 제거(Rot out) 후에도 세발이 불충분함으로 인해 모발 가운데 알칼리 또는 산화제가 잔류된 채로 있으면 케라틴 단백질의 변성 또는 멜라닌 색소의 퇴색을 일으킨다.

2) 축모 교정에 의한 손상

> 웨이브 펌된 모발이나 축모를 직모로 교정시키기 위해 합성수지 판넬(Pannel)을 사용 모다발을 팽팽히 무리하게 붙이면 모발 단면의 변형과 함께 장시간 용액 방치에 의해 모발 내 성분이 유실된다.

축모 교정 시 200℃ 이상 고온 프레스 처리 방법에는 필요 이상 열과 압력을 동반함으로 인해 모발 단면의 편평화와 모발 내 단백질의 변성에 따른 모발 탄화를 가져다준다. 동시에 연화 상태에 따른 문제점으로서 오쏘 피질은 알칼리의 환원제에 대해서 반응이 빠르나 파라 피질은 작용이 느리다.

그러나 모표피의 연화에 의한 굴곡을 제거하기 위한 필요한 시간 정도는 피질에 맞추므로 필요 최저의 시간이 방치되면 알칼리제에 반응하기 쉬운 오쏘 피질은 제1제에 의한 오버 타임이 되어버린다.

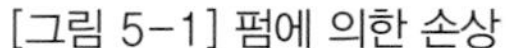

[그림 5-1] 펌에 의한 손상

[그림 5-2] 축모 교정에 의한 손상

3) 염 · 탈색에 의한 손상

염모제와 탈색제 성분 중 알칼리제 외에도 단백질을 분해하는 과산화수소는 산화염료의 색소를 발색시키는 것과 함께 모발 색소의 탈색 작용에 필요한 물질이다. 단기간에 시술 처리된 모발은 팽윤·연화가 반복됨으로써 모표피가 왜곡되기도 한다.

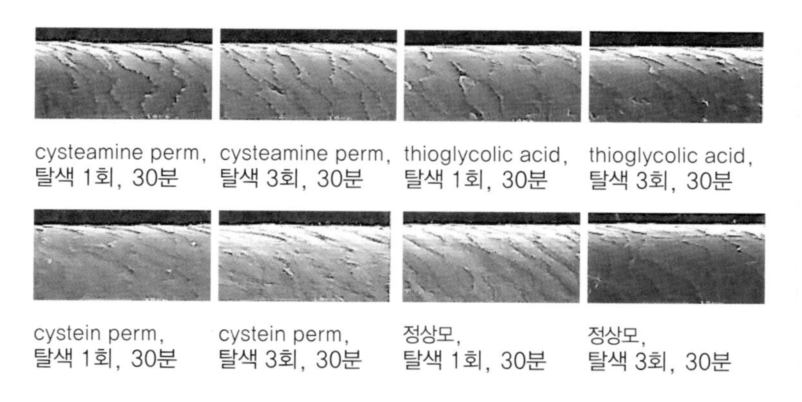

[그림 5-3] 탈색에 의한 손상

4) 일광에 의한 손상

> 태양 광선은 파장의 길이에 따라서 적외선, 가시광선, 자외선 등으로 대별된다. 이 중에서 모발에 영향을 주는 것은 적외선과 자외선이다.

적외선은 열선으로서 물체에 닿으면 열을 발생시킴으로서 심하면 모발 케라틴 단백질이 손상을 받게 된다. 더욱이 손상에서의 영향이 큰 것은 자외선으로서 이는 화학선이라 부르고 열을 느낄 수는 없지만 강한 자외선을 받으면 비늘층의 박리뿐 아니라 모피질내 단백질 변성을 일으킨다.

2 물리적 손상

1) 마찰에 의한 손상

모발의 표면은 외부의 자극을 충분하게 막아내는 구조이나 빈번하게 행한 샴푸, 타월 드라이, 빗질 등에 의해 모표피가 강하게 자극을 받기도 한다. 예를 들면 거품이 나지 않는 상태에서 샴푸와 무리한 빗질 등은 모표피의 손상에 따른 박리가 일어나면서 박리된 부분에서 확대와 함께 손상이 모피질의 노출을 유도시킨다.

알아두기

모발 간의 엉킴을 풀 수 있는 물리적 방법은 가장 간단한 빗질(Combing)과 브러싱(Brushing)이 있으나 과도한 빗질 또는 층 구조와의 역행된 빗질(Back combing)은 비늘층 구조를 벗겨내는(Strip) 박리 현상을 가져다준다. 박리에 의한 모표피의 손상은 연이은 내부 모피질 층을 노출시키고 노출된 모피질의 분열은 간충물질을 유출시켜 모발 손상을 초래한다. 모표피 손상의 가장 단초적 원인은 깨진 비늘 가장자리 때문으로서 이는 보통 두개피부로부터 몇 cm 떨어진 곳에서 주로 발견되기도 한다. 이유는 빗질, 샴푸 등 정상적인 관리 행동의 결과이기도 하지만 이를 계기로 풍화 또는 물리적 손상이 제공된다.

2) 열에 의한 손상

- 모발은 보통 10~15%의 수분을 함유하고 있지만 가열하면 이들의 수분이 증발 건조되어 감촉이 악화된다.
- 130~150℃ 이상의 열을 모발에 가하면 팽창하여 변형을 일으키는 외에 검은 모발의 경우 다갈색으로 변색된다. 또한 모피질 및 모수질 중에 기포가 생기기 시작하여 모발에 탄력이 없어지게 된다,
- 모발 단백질은 열에 약하지만 피부보다 강한 저항력이 있으며 그 한계점은 150℃ 정도이다.
- 250℃ 전후 컬리 아이론이 약 1분간 모발 표면에 닿으면 그 부분의 모표피는 녹게 된다.

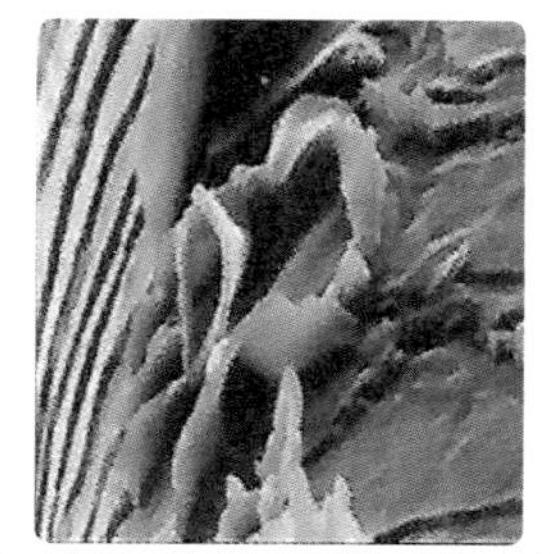
[그림 5-4] 백 코밍에 의한 손상

[그림 5-5] blow dryer에 의해 꺽인 모발

3) 커트에 의한 손상

거친 날의 가위로 절단된 모발 단면과 면도날을 이용 롤 테이퍼링 컷 된 절단면은 모피질의 방향이 나타나는 범위가 넓어 단백질의 유실과 수분의 증발에 의해 기모와 열모가 형성된다.

4) 물리적 변형

모발은 고무줄을 이용하여 강하게 묶거나 강한 클립 등으로 장기간 눌려진 압력에 의해 모발 일부가 굽어져 변형이 일어난다.

모발이 연화 상태일 때 강하게 묶으면 변형이 현저하게 나타나고 동시에 그 자리에 매일 묶는 것에 의해 더욱더 심하게 변형을 일으킨다.

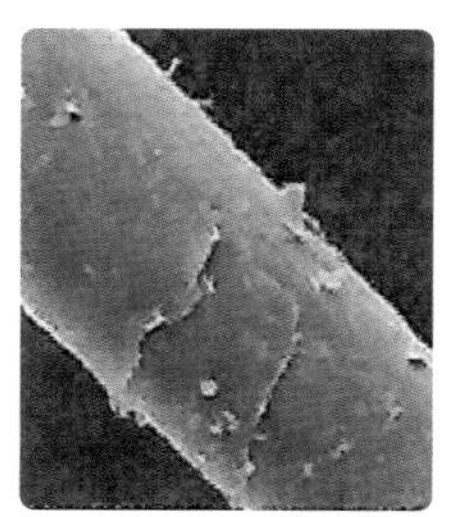
[그림 5-6]
고무줄에 의한 손상

[그림 5-7]
레이저에 의한 손상

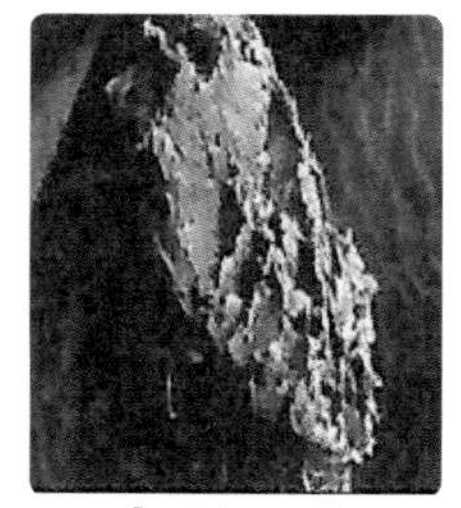
[그림 5-8]
가위에 의한 손상

5) 코팅제에 의한 손상

본래 모발 수분량은 습도 등에 따른 자연스러운 조절 때문에 10~15%의 수분량을 포함하고 있다.

실리콘류가 첨가된 강력한 코팅제는 습도에 대한 수분량 조절에 지장을 주면 특히 모발 표면을 완전히 덮어버리기 때문에 일단 건조한 모발은 공기 중에서 수분을 쉽게 흡수하는 것이 더욱 곤란하여 결과적으로 모발 내부의 단백질을 변성시키기도 한다.

6) 유분에 의한 손상

블로 드라이어의 열에 의해 가온 냉각을 반복하면 융점이 낮은 기름 등은 산화되기 쉬워 결과적으로 모피질 내부의 단백질이 산화된 유분과 함께 유실된 모발에서 내부적 손상을 끼친다.

7) 스타일제에 의한 손상

스타일을 유지하기 위한 왁스제는 손상 부분에서의 매끄러움을 통해 스타일을 유지시켜 형태를 만드는 타입, 모발끼리의 매끄러움을 감소시켜 마찰 저항을 이용하는 타입 등이 있다.

모발에 도포된 왁스를 씻어 없앨 때 샴푸로 제거되기 어려운 경우로서 모발에 미량 남아 있을 때 매끄럽지는 않지만, 그것이 연마제와 같은 효과를 나타내어 인접해 있는 모발의 마찰 저항값을 높일 때 모표피의 손상을 더 심하게 할 경우도 있다.

3 건강적 요인에 의한 손상

1) 식사에 의한 손상

모발을 구성하는 단백질(대두, 멸치, 어류, 우유, 고기, 계란 등)을 균형있게 섭취하는 것이 중요하며 이외에 비타민과 미네랄(특히 철, 아연 등)도 필요하다.

알아두기

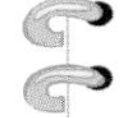

비타민 A, D는 피부를 강하게 하여 비듬과 탈모를 막아주며 탈모 후 모발 재생에 대해 효과가 있다. 식물성 기름인 리놀산은 낙화생, 참깨, 사라다유 등에 포함되어 있어 섭취 시 모발에 광택을 주며 다시마와 미역 등의 해초에는 모발의 영양분이 되는 철, 요오드, 칼슘이 다량으로 함유되어 두개피부의 신진대사를 높여주는 효과와 함께 요오드는 갑상선 호르몬의 분비를 촉진시켜 모발 성장을 도와준다.

2) 투약에 의한 손상

질병 치료를 위해 투여하는 약의 경우 질환에 필요한 약도 다른 건강한 부분에는 불필요하고 유해한 경우도 있다.

모유두의 모세혈관을 통하여 여분의 물질을 흡수함으로 인해 탈모 등의 영향을 직접 받는다.

4 환경에 의한 손상

대기오염이 인체 생리에 따른 모발에 주는 영향으로서는 공장의 연소가스와 자동차 배기가스 중 아황산 화합물(SO_2, SO_3), 질소 산화물(NO, NO_2)등에 의한 화학적 손상이다. 또한 대기 중의 티끌, 먼지 등에 의한 모표피의 물리적 손상을 들 수 있다.

3 모발의 진단

모발이 갖는 성질·형상·손상의 유무를 촉진과 시진으로 관찰하거나 기구를 사용하여 진단하는 방법 등이 있다.

1 감각에 의한 진단

지모, 절단모, 모표피의 상태, 색·감촉의 좋고 나쁨, 필링의 유·무의 굵고 가늘음, 연하고 강한 탄력과 건조의 유무 등은 감각을 통해 모질을 판단시킨다.

알아두기

모발의 개인차는 "광택이 없다, 기름기가 없다, 끈기가 없다, 기모가 많다, 빗질이 잘되지 않는다."라고 하는 느낌에 따라 평가됨으로써 건강한 모, 어느 정도 손상된 모 등을 표준형으로 비교함으로써 개인차 정도를 진단할 수 있다.

2 기구에 의한 진단

모발의 굵기를 육안으로 관찰할 경우 밝은색소 모발은 가늘어 보이며, 짙은 모발은 굵게 보이므로 감각적 현상에 의한 판단은 정확을 기할 수가 없다.

기구를 사용할 때도 측정하고자 하는 모발의 환경, 부위 등에 따라 수적인 차이가 있으므로 모발에서의 특성을 이해하는 기구를 유효하게 활용하는 것이 중요하다.

1) 모경의 판정

모계(毛計)의 판단에 의해 롤러에 따른 당기는 힘과 탄력을 조절하는 배려가 필요하다.

여성의 모발 직경은 대력 0.05~0.12mm(50~120u)로서 평균적 굵기는 0.08~0.09mm이다. 이른바 연모는 0.05~0.06mm, 경모는 0.1~0.12mm, 가는 모발일수로 모량이 적게 보이며 버릇모인 축모의 단면은 타원형이기 때문에 직경이 짧은 단경과 장경이 계측되기 쉽다.

2) 수분량의 판정

모발 수분 흡수량은 모발의 중량 증가로 조사할 수 있다. 일정한 온도, 습도 아래에서 모발을 일정 시간 침전시킨다. 다음으로 모발을 원심분리기(Centrifuge)로 부착되어 있는 수분을 제거하고 모발 내부에 흡수된 수분의 중량을 측정한다.

일반적으로 건강한 모발의 경우는 15% 전후 중량이 증가되지만, 손상된 만큼 중량 증가가 크게 된다. 모발의 수분량은 전기의 전도율로 조정되는 일이 가능하다. 건조한 모발의 수분량은 10% 이하이나 수치가 15% 이상의 모발은 지성모라 한다.

알아두기

손상모일수록 건조되기 때문에 수분을 흡수하기 쉬워 습도가 높은 날은 모발이 수분을 흡수해 무거워지고 볼륨이 없어지는 동시에 스타일 유지가 어렵다. 손상모에 단백성분을 보충하기 위해 유지를 도포하는 경우에도 무거워진다. 직사일광에 장시간 노출된 모발의 수분량은 적으나 장마철과 비 오는 날 수치는 커지므로 측정 전 환경 조절뿐 아니라 실내에서는 30분 이상 경과 후에 측정해야 한다.

3) 손상모의 판정

손상 정도에 대해서는 거의 시술자 경험에 의한 느낌으로 판단되는 실정이다. 샴푸 후 블로 드라이어로 건조시켜 모표피의 거칠기 감촉을 통해 판정하는 일상적 방법이 가장 간단하지만, 객관적으로 모발의 강도, 신도 등을 통해 판단하기도 한다.

① 인장강도에 의한 판단

모발에 서서히 힘을 가하면서 힘의 무게에 따른 늘어남과의 관계를 그 모발의 단위 면적으로 산출하여 기록하고 있다. 이때 모발 내부 구조인 모피질의 변화로서 산출된다.

손상도만큼 늘어나는 비율은 높고 적은 하중에도 끊어지므로 건강모는 신장률이 일정하고 파단 중량도 크다고 볼 수 있다.

② 신도에 의한 판단

신도의 대소는 다양한 모질의 기본이 되며 모발을 잡아당겨서 늘어나는 시점에서 원래의 길이와 비교해 어느 정도의 비율로서 늘어났는가는 지수인 %로 표시한다.

알아두기

건강모는 50% 전후로 늘어나므로 많이 잡아 당겨진다. 수분 함유량이 많으면 케라틴의 수소결합이 느슨해져 신도는 55° 이상으로 된다. 또한 높은 실내 습도가 수치(값)를 높게 나타내므로 측정 시의 습도에 주의를 요한다. 왜냐하면, 습도 50~60%의 상대습도에서는 거의 변화가 없다. 모발의 pH가 알칼리성일 때 염결합이 약해져 신도는 큰 값으로 나타난다. 모수질과 신도의 관계에서 모수질이 연속해 있는 모발, 단속(斷續)적인 모발, 존재하지 않는 모발, 굵은 모발, 가는 모발 등에 따라 모질은 달라지나 모수질이 굵고 연속되어 있을 때 신도의 수치는 크게 나타나고 가늘며 단속적인 모발의 신도는 적은 수치로 표시된다.

펌과 염모된 모발에 따른 시스틴의 감소는 모발 내부의 단백질에 영향을 미치기 때문에 신도는 60% 이상으로 되지만 되풀이하면 탄력에 손상이 많이 가며 반대로 신도가 저하된 것은 수분 부족에 따른 건조에서 시작한다. 다음으로 케라틴 단백질의 경화로서 산성응고와 열변성에 의해 점차 저하되지만, 신도가 40% 이하인 경우 형태 손상으로서 모표피의 박리에 따른 손상이 진행되고 있음을 나타낸다. 임신, 산후의 경우와 같이 염모된 모발에서 샴푸와 브러싱의 반복은 강도저하와 동시에 신도 30% 이하 수치는 형태적 손상을 일으킨다.

4) 광학 현미경에 의한 외부적 진단

광학현미경 또는 전자현미경을 통하여 보았을 때 손상이 없는 모발은 모표피가 깨끗하고 가지런하게 배열되어 있다. 광학현미경(보통의 현미경)을 통하여 간단하게 진단 가능하다.

알아두기

샘플 채취의 방법으로서는 더러운 것을 깨끗하게 제거한 수지 또는 건조한 유리판 표면 위에 샘플 모발을 올려놓고 수분을 방치한 후 모근부에 가까운 끝 부분을 현미경으로 관찰함으로써 모표피의 손상 여부에 관해서 확인할 수 있다.

5) 광물현미경에 의한 판정

광물현미경의 원리는 광학현미경의 대안렌즈 부분에 편광 필터가 세트된 것으로서 이를 통해서 모피질 내의 단백질 유무의 관찰이 가능하다. 광물현미경을 통하여 보았을 때 투과된 투명한 모표피에서의 모발 내부 물질이 확인 가능하다.

알아두기

단백질 성분은 녹색으로 손상 부분은 오렌지와 노란색에서 관찰된다. 녹색 부분이 많을수록 모피질 내부에 단백질이 존재하고 있는 증거로서 모발 내부는 건강한 상태라고 할 수 있다. 오렌지계로 관찰되는 경우는 단백질 성분이 유실된 손상 모발로서 볼 수 있다.
모발의 중심부에는 어둡게 관찰되는 모수질이 있지만 산모(배냇모)와 유아기의 모발에는 모수질을 확인하는 일은 쉽지 않지만, 모발에 있어서 모수질은 연속되어 있는 상태가 가장 이상적이다.

모발의 손상·진단·처치

4 모발 손상에서의 처치

모발에는 자기 회복력이 없다. 외적·내적으로 두발용 화장품으로 배합시켜 손상된 모발의 회복 또는 손상되지 않도록 끊임없이 관리해야 한다.

1) 모표피의 유막형성

모발을 산화 또는 환원 처리하면 모표피는 보다 친수성이 되어 모발 손상을 촉진시킨다.

유막제 성분은 광물성, 식물성, 동물성 등으로 분류된다. 이는 모표피의 마찰 저항을 억제시켜 외부로부터 물리적 손상을 방지하고 광택, 감촉을 좋게 해준다.

2) 모표피의 수지막 형성

수지를 이용 피막으로서 모표피에 도포된 후 열과 마찰로부터 모발을 보호하고 빗질 등에 의해 부드러움과 광택을 준다.

3) 모발 간충물질의 보급

모발 미세구조를 구성하는 아미노산 성분과 유사한 물질 등 모피질에 이용 유연성(Softness)있는 모발로 회복시킨다.

요약

1. 모발 손상에서 일상적 손질에 의한 손상은 타월 드라이, 샴푸, 빗질, 블로 드라이어, 과도한 열 또는 자외선 모단면 절단 등이 있으며, 염·탈색, 펌 등의 화학처리에 의한 손상과 중금속 오염물이나 배기가스 등에 의한 환경에 의한 손상과 호르몬 불균형 및 편식, 다이어트, 스트레스 등 생리적 요인에 의한 손상 등이 있다.
2. 물리적 손상에는 감성적, 마찰저항, 인장강도, 팽윤도 측정 등을 통해 진단할 수 있으며 화학적 손상에는 알칼리 용해도, 아미노산 조성변화 등을 통해 진단할 수 있다.
3. 모발 손상 진단은 다공성모, 저항성모, 모발의 질·탄력성, 밀도, 두께, 고착력, 경도, 흡습성, 열변성, 광학적 성질 등을 통해 살펴볼 수 있다.
4. 모발 손상 요인에 대해 처치는 모표피의 유막형성, 모표피의 수지막 형성, 모발 간충물질의 보급 등에 의해 회복된다.

연습 및 탐구문제

1. 두개피 기초 지식에서 모발손상과 진단에 관해 설명하시오.
2. 두개피부와 모발진단에 대해 구분하여 설명하시오.
3. 모발 손상에 대한 요인을 구분하여 비교·설명하시오.
4. 모발 손상에 따른 처치를 적용하시오.

참고문헌

1. 모발관리학, 류은주 외 4, 청구문화사, 1995, pp 49~57
2. 모발학, 류은주, 광문각, 2002, pp 299~313
3. Permanent Hair Wave Theory, 류은주 외 1, 이화, 2003, pp 41~43
4. 모발 및 두피관리 방법론, 류은주 외 1, 이화, 2003, pp 158~175, 184~187
5. 모발미용학개론, 류은주 외 1, 이화, 2004, pp 76~83
6. TRICHOLOGY, 류은주 외 2, 트리콜로지, 2008, pp 61~64
7. 모발미용학의 이해, 류은주 외 4, 신아사, 2009, pp 167~186
8. 고등학교헤어미용, 류은주 외 4, 서울특별시교육청, 2010, pp 46~51
9. 염 · 탈색 미용교육론, 류은주 외 1, 한국학술정보(주), 2013, pp 46~51, 61~63
10. HAIR COLORING, 류은주, 청구문화사, 2001, pp 45~48, 49~50, 180

INDEX

참고문헌

류은주 외 4인, 『모발관리학』, 서울: 청구문화사, 1995.

류은주, 『모발학』, 서울: 광문각, 2002

류은주 · 심미자, 『Permanent Hair Wave Theory』, 대전: 이화, 2003

류은주 · 오무선, 『모발 및 두개관리 방법론』, 대전: 이화, 2003

김종배, 『모발 미용학 개론(Outlines of Trichology)』, 대전: 이화, 2004

류은주, 김종배 · 진태연, 『인체 모발 발생학』, 대전: 이화, 2005

류은주, 김종배 『인체 모발 형태학(Human Scalp Hair Morphology)』, 대전: 이화, 2005

류은주, 오강수, 『인체 모발 생리학(Human Scalp Hair Physiology)』, 대전: 이화, 2005

한국모발학회, 『두개피 육모 관리학(Management of Scalp Hair Growth)』, 대전: 이화, 2006

류은주, 송지형, 이재숙, 『Trichology』, 서울: 트리콜로지, 2008

류은주, 오강수, 지정훈, 정경숙, 최영희 공저, 『모발 미용학의 이해』, 서울: 신아사, 2009

류은주, 이해숙, 유중경, 윤영순, 이자연, 『헤어미용』, 서울특별시교육청, 2010

류은주, 오강수, 유광석, 『두개피 미용교과 교육론』, 서울: 다모, 2011

류은주, 오강수, 문나리, 『헤어미용 교육론』, 서울: 훈민사, 2013

류은주, 전형희, 문나리, 『교과교제연구 및 지도법』, 한국학술정보(주), 2013

김철중 「퍼머넌트 웨이브제 종류에 따른 모발의 역학적 및 화학적 변화」, 한남대학교 석사 학위 논문, 2004

류은주, 박진희, 「무시험 미용사 면허에 따른 미용학개론 수업현황과 개선방안」, 한서대학교 교육대학원, 교육학 석사, 2012

NCS(국가직무능력표준) 학습모듈

『모발관리』를 기반으로 하는

미용학개론

NCS(국가직무능력표준) 학습모듈
『모발관리』를 기반으로 하는

미용학개론